智慧人生丛书

ZHIHUI RENSHENG CONGSHU

ZHIZHE BANNI LINGWU RENSHENG

智者伴你领悟人生

本书编写组◎编

人之所以烦恼横生，对人生困惑茫然，很多时候并不是因为没有健康，而是因为没有智慧，没有了悟茫茫人生的真相。所以有人说：诚信是第一财富，智慧是第一生命。本书编排智者名言，以感悟的方式发掘浅显故事中蕴涵的有关哲理，来帮助读者朋友修心养性，提升智慧，做一个生活中的智者，拥有快乐的人生。

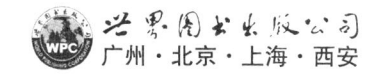

世界图书出版公司
广州·北京·上海·西安

图书在版编目（CIP）数据

智者伴你领悟人生/《智者伴你领悟人生》编写组编．
广州：广东世界图书出版公司，2009.11（2024.2 重印）
ISBN 978－7－5100－1231－0

Ⅰ．智… Ⅱ．智… Ⅲ．人生哲学－青少年读物 Ⅳ.
B821－49

中国版本图书馆 CIP 数据核字（2009）第 204871 号

书　　　名	智者伴你领悟人生
	ZHIZHE BANNI LINGWU RENSHENG
编　　　者	《智者伴你领悟人生》编写组
责任编辑	鲁名琰
装帧设计	三棵树设计工作组
出版发行	世界图书出版有限公司　世界图书出版广东有限公司
地　　　址	广州市海珠区新港西路大江冲 25 号
邮　　　编	510300
电　　　话	020-84452179
网　　　址	http://www.gdst.com.cn
邮　　　箱	wpc_gdst@163.com
经　　　销	新华书店
印　　　刷	唐山富达印务有限公司
开　　　本	787mm×1092mm　1/16
印　　　张	15
字　　　数	160 千字
版　　　次	2009 年 11 月第 1 版　2024 年 2 月第 10 次印刷
国际书号	ISBN　978-7-5100-1231-0
定　　　价	49.80 元

版权所有　翻印必究

（如有印装错误，请与出版社联系）

前言

是什么样的智慧正在生长？

在我们的生命历程中，有许许多多相似的困惑与思索，这些隐于内部不为他人所知甚至不被我们自觉的困惑与思索更能代表真实的自我。这些困惑往往是无法轻易明了的，而与我们所有的思索一同被收获的经常是更多的困惑。每逢这样的时刻，我们的体悟是一样的复杂多变。因为我们知道：没有永远确定的疑问，只有不断的求索与反思伴我们前行。更因为我们知道：为了脱离混沌而至于清明的理性存在，我们才这样解析与质问自己；为了让身边的世象万千沉积为本质的精辟，我们才带着执著而敏感的心灵去倾听世界；为了化个人与小我的界定为精神空间里的自在探寻，我们才渴望着与那些伟大的人们在心灵故乡里比邻而居。

真正乐于智慧探索的人无一不曾体验自己心路的千回百转，他的骄傲与世俗的成就标准绝无关联。在开放着的伟大心灵前方，智慧之光遮蔽了红尘中一切有形与无形的诱惑。走在思辨之路上，如果没有缜密而深入的考虑，在迈出每一步之前，他宁可伫足观望也不会选择去向何方。他在评估自身存在的同时，更加关注着其他人的状况，他犀利的目光能够举重若轻般穿透人们最外层的浮华与寒碜进而看见本质。他从不蔑视愚昧的人，也从不笑话世间随处可见的蠢事。他深深地知道：自己生存的这个世界，正是由于人类的曲折发展，由于那些已成为历史的蒙昧时期及人们做过的无数蠢事，经过几千年的摸索与实践，才有了文明与聪明的可能。他思索着自己，也思索着别人。他的思想与陈旧、落后、错误的观念不停地碰撞、争斗着。在这痛苦的过程中，他感受到了巨大的幸福。因为他看到，新思想的光芒与力量在这碰撞中迅速增长，他知道自己即将达到某一阶段的目的了，与他那身上布满伤痕但却灵光照眼的真理一起。

在当今这个商业入侵文化，消费文化占据主流的时代里，人们身边多的是可以轻松卒读的休闲报刊、矫情与煽情的无聊故事。在这样的条件下，心灵的感受力实在是比以往任何时候都更易于麻痹而非清醒。同时，这又是一个明显的可确定其存在的矛盾，理性的人类认识是有着更多需求的，它可以被浮华、喧嚣与功利所俘获，但它清楚地知道这并不是生命原理的解答。人是意识的存在，更是理性的存在，这一本质注定了灵魂的追问、生命的质询以及存在的思辨的至关重要。这是一阵阵发自心灵的声音：怎样的生活？怎样的命运？怎样的思索？怎样的未来在近处徘徊、在远方等待？在这些无法逃离的谜团面前，我们发现，我们需要那些来自过去而又始终就在眼前的人的指点；我们需要去阅读经典——他们生命的精华所在；我们需要接过他们手中真理的光明来照亮自我探寻的路程。

不幸的是，伟大的作品往往并不是平易近人的，它们集简洁与琐碎、精辟与平淡、深邃与浅白等各种特点于一体，使人难以捉摸。人生丛书是在外国作家、哲学家、艺术家、科学家们架构的城堡之外，不受他们精心营造的代表作所限，以他们笔下富于思想性、探索性同时又贴近普通人生活的文字片段为主，力求为读者提供一种包含更丰富、更深刻启示的阅读可能，一种领悟生命的新方式。在这里，智者们既非旁观者也非设计者，他们与自己笔下的文字居住在一起。在这些完全个人的领域，绝对自我的空间里，洋溢着他们生命的呼吸。透过这些闪光的文字片段，我们感受到了灵魂的震颤、精神的洗礼和生命的审判。

走在人世间，每个人都不免会有些感触、困惑及领悟。如果你能够将这些感触、困惑和领悟作为自己灵魂的阶段属性，认真地对待它们的产生、形成和确定，并将这一切升华为对自己与世界的整个存在的沉思，你就会不自觉地掀起智慧女神的神秘面纱。你将发现，成为一个思想者不仅不难，甚至是很容易的，而作为一个时刻警醒着的理性存在则是件让人极其快乐的事情。

编　者

目 录

第一辑　存在是一种境界

一双短袜／威·莱·菲尔普斯〔美国〕 …………………… (2)

行动中创造／罗曼·罗兰〔法国〕 ………………………… (3)

自我介绍／纪伯伦〔黎巴嫩〕 ……………………………… (5)

每一天的决战／池田大作〔日本〕 ………………………… (6)

我的生活／亨利·门肯〔美国〕 …………………………… (7)

美国梦／德莱塞〔美国〕 …………………………………… (9)

同情百万富翁／萧伯纳〔英国〕 …………………………… (10)

享受／康德〔德国〕 ………………………………………… (11)

我们的富足／弗洛姆〔美国〕 ……………………………… (13)

活着的死亡／劳伦斯〔英国〕 ……………………………… (14)

地狱箴言／威廉·布莱克〔英国〕 ………………………… (16)

时髦／蒙泰朗〔法国〕 ……………………………………… (17)

大城市／齐美尔〔德国〕 …………………………………… (18)

置身世外／帕斯捷尔纳克〔苏联〕 ………………………… (19)

成功的代价／罗素〔英国〕 ………………………………… (21)

劳作的乐趣／霍桑〔美国〕 ………………………………… (22)

在乡下／海德格尔〔德国〕………………………………………（23）

为何生活／亨利·梭罗〔美国〕…………………………………（25）

努力／克利希那穆尔提〔印度〕…………………………………（26）

自然权利／艾德勒〔美国〕………………………………………（27）

妥协／爱因·兰德〔美国〕………………………………………（29）

自由与克制／罗斯金〔英国〕……………………………………（30）

善生活／弗兰克纳〔美国〕………………………………………（31）

正义至上／艾德勒〔美国〕………………………………………（32）

亚当的意志／斯宾诺莎〔荷兰〕…………………………………（34）

危难中／爱因·兰德〔美国〕……………………………………（35）

观念的领域／加缪〔法国〕………………………………………（37）

智者／休谟〔英国〕………………………………………………（38）

第二辑　为人际捕捉规则

错语者／阿·克·本森〔英国〕…………………………………（41）

无言中／安德烈·莫洛亚〔法国〕………………………………（42）

目的地／弗洛姆〔美国〕…………………………………………（43）

幽默／康罗·洛伦兹〔奥地利〕…………………………………（45）

穿衣打扮／康德〔德国〕…………………………………………（46）

衣服的用处／亨利·梭罗〔美国〕………………………………（47）

饮酒／康德〔德国〕………………………………………………（49）

绅士／理查德·斯蒂尔〔英国〕…………………………………（50）

君子／亨利·纽曼〔英国〕………………………………………（51）

集体性人物／歌德〔德国〕………………………………………（53）

报复／培根〔英国〕………………………………………………（54）

责任感／弗洛姆〔美国〕…………………………………………（55）

细芽／列夫·托尔斯泰〔俄国〕…………………………………（57）

兄弟之爱 /劳伦斯〔英国〕…………………………………… (58)

真爱 /克利希那穆尔提〔印度〕……………………………… (60)

爱的使命 /列夫·托尔斯泰〔俄国〕………………………… (61)

不觉寂寞 /亨利·梭罗〔美国〕……………………………… (63)

怎样活着 /德谟克利特〔古希腊〕…………………………… (64)

第三辑　谁给我们一处港湾

怒气 /培根〔英国〕…………………………………………… (67)

感性 /卢梭〔法国〕…………………………………………… (68)

嫉妒 /罗素〔英国〕…………………………………………… (70)

为健康而忧虑 /池田大作〔日本〕…………………………… (71)

生命的春天 /塞缪尔·约翰逊〔英国〕……………………… (73)

人的过错 /卢梭〔法国〕……………………………………… (74)

自恋者 /罗素〔英国〕………………………………………… (75)

与白嘴鸦的对话 /契诃夫〔俄国〕…………………………… (77)

鬣狗性 /谢德林〔俄国〕……………………………………… (78)

笑声 /伍尔芙〔英国〕………………………………………… (79)

真假单纯 /费朗索瓦·费奈隆〔法国〕……………………… (81)

软弱的人类 /卢梭〔法国〕…………………………………… (82)

空虚的世界 /弗洛姆〔美国〕………………………………… (83)

苦难 /卢梭〔法国〕…………………………………………… (85)

我 /劳伦斯〔英国〕…………………………………………… (86)

宁静 /罗素〔英国〕…………………………………………… (88)

荒谬 /加缪〔法国〕…………………………………………… (89)

路 /劳伦斯〔英国〕…………………………………………… (91)

幸福感 /爱因·兰德〔美国〕………………………………… (92)

幸福的价值 /费尔巴哈〔德国〕……………………………… (94)

第四辑　过程的精神意义

孩子 /克尔凯郭尔〔丹麦〕……………………………………（97）

童年 /泰戈尔〔印度〕………………………………………（98）

让爱美的天性常在 /雷切尔·卡森〔美国〕…………………（99）

哲学的萌芽 /卡尔·雅斯贝尔斯〔德国〕……………………（101）

青春 /赫兹里特〔英国〕……………………………………（102）

老之将至 /罗素〔英国〕……………………………………（104）

白首之心 /乔治·吉辛〔英国〕………………………………（105）

两条路 /让·保尔〔德国〕……………………………………（106）

固定的震慑 /劳伦斯〔英国〕………………………………（108）

他人之死 /弗洛伊德〔奥地利〕……………………………（109）

精神的诞生 /列夫·托尔斯泰〔俄国〕………………………（111）

第五辑　隐藏宇宙的心

珍爱光明 /海伦·凯勒〔美国〕………………………………（114）

时间的价值 /罗·威·塞维斯〔加拿大〕………………………（115）

生与死 /达·芬奇〔意大利〕…………………………………（116）

圆心与圆周 /雪莱〔英国〕…………………………………（117）

生命力 /毛姆〔英国〕………………………………………（119）

轻生时代 /池田大作〔日本〕………………………………（120）

必然 /伏尔泰〔法国〕………………………………………（122）

确定的命运 /罗素〔英国〕…………………………………（123）

选择权 /齐美尔〔德国〕……………………………………（124）

宇宙 /斯宾诺莎〔荷兰〕……………………………………（126）

听从理智 /列夫·托尔斯泰〔俄国〕…………………………（127）

不同的笑 / 米兰·昆德拉〔捷克〕……………………………（128）

我的灵魂 / 尼采〔德国〕……………………………………（130）

第六辑　乘着知识的翅膀

内涵 / 邦达列夫〔苏联〕……………………………………（133）

与书为友 / 斯迈尔斯〔英国〕………………………………（134）

书的存在 / 乔治·布莱〔比利时〕…………………………（135）

书房 / 蒙田〔法国〕…………………………………………（137）

阅读方式 / 安德烈·莫洛亚〔法国〕………………………（138）

为乐趣而阅读 / 毛姆〔英国〕………………………………（139）

致雷诺 / 济慈〔英国〕………………………………………（141）

有限的知识 / 伽利略〔意大利〕……………………………（142）

失去人性的学问 / 池田大作〔日本〕………………………（143）

认识能力 / 康德〔德国〕……………………………………（144）

驱逐无知 / 弥尔顿〔英国〕…………………………………（146）

面对孩子们 / 卢梭〔法国〕…………………………………（147）

知识的来处 / 艾尔文·潘诺夫斯基〔美国〕………………（148）

高等教育 / 罗素〔英国〕……………………………………（150）

培养独立的人 / 爱因斯坦〔德国〕…………………………（151）

一个任务 / 易卜生〔挪威〕…………………………………（152）

青年的成长 / 罗素〔英国〕…………………………………（154）

教化 / 卢梭〔法国〕…………………………………………（155）

恶之源 / 霍尔巴赫〔法国〕…………………………………（157）

需要形而上学 / 理查德·泰勒〔美国〕……………………（158）

科学之于民众 / 卡尔·萨根〔美国〕………………………（159）

5

第七辑　生命中能够承受之轻

榕树的语言 /泰戈尔〔印度〕…………………………………（162）

智慧 /塞涅卡〔古罗马〕……………………………………（163）

为何可笑？/爱默生〔美国〕…………………………………（164）

形式 /邦达列夫〔苏联〕……………………………………（166）

神秘主义 /毛姆〔英国〕……………………………………（167）

超越现实 /亨利·梭罗〔美国〕………………………………（168）

燃烧的火 /劳伦斯〔英国〕…………………………………（169）

动物性 /列夫·托尔斯泰〔俄国〕……………………………（171）

哲学 /毛姆〔英国〕…………………………………………（172）

理性的谬误 /威廉·詹姆斯〔美国〕…………………………（173）

从意识开始 /列夫·托尔斯泰〔俄国〕………………………（175）

心中的真理 /泰戈尔〔印度〕………………………………（176）

英雄崇拜 /卡莱尔〔英国〕…………………………………（178）

探索者 /劳伦斯〔英国〕……………………………………（179）

固定中开放 /泰戈尔〔印度〕………………………………（180）

未见新思想 /乌尔法特〔阿富汗〕…………………………（181）

你我的不同 /纪伯伦〔黎巴嫩〕……………………………（183）

思想与意志 /高尔基〔苏联〕………………………………（184）

希望 /邦达列夫〔苏联〕……………………………………（185）

走入梦想 /亨利·梭罗〔美国〕………………………………（187）

理性生存 /列夫·托尔斯泰〔俄国〕…………………………（188）

第八辑　追逐缪斯的神光

发现花未眠／川端康成〔日本〕 …………………………………（191）
风景的情调／齐美尔〔德国〕 ……………………………………（192）
在山口／黑塞〔德国〕 ……………………………………………（193）
赏画／德拉克洛瓦〔法国〕 ………………………………………（195）
画技之外／达·芬奇〔意大利〕 …………………………………（196）
音乐的属性／伍尔芙〔英国〕 ……………………………………（197）
均衡的节奏／奥古斯丁〔古罗马〕 ………………………………（198）
拙劣的音乐／普鲁斯特〔法国〕 …………………………………（200）
舞蹈／苏珊·朗格〔美国〕 ………………………………………（201）
永恒的诗／劳伦斯〔英国〕 ………………………………………（202）
诗才的特征／柯勒律治〔英国〕 …………………………………（204）
作诗／尼基诺·斯特内斯库〔罗马尼亚〕 ………………………（205）
创造性天才／艾迪生〔英国〕 ……………………………………（206）
写给学者／爱默生〔美国〕 ………………………………………（208）
在东方／赫伯特·里德〔英国〕 …………………………………（209）
艺术工作／安德烈·莫洛亚〔法国〕 ……………………………（210）
当代艺术家／伍尔芙〔英国〕 ……………………………………（211）
幻想的伟大／李斯特〔匈牙利〕 …………………………………（213）
关联／考德威尔〔英国〕 …………………………………………（214）
鉴赏／罗素·莱因斯〔美国〕 ……………………………………（215）
我的鉴赏力／川端康成〔日国〕 …………………………………（217）
敏感／休谟〔英国〕 ………………………………………………（218）
让艺术杰作诞生／安格尔〔法国〕 ………………………………（219）
美／伏尔泰〔法国〕 ………………………………………………（221）
三点要求／托马斯·阿奎那〔意大利〕 …………………………（222）

7

审美训练/休谟〔英国〕 …………………………………………（223）

愉悦/威廉·狄尔泰〔德国〕 ………………………………………（224）

艺术价值/毛姆〔英国〕 …………………………………………（226）

第一辑

存在是一种境界

永不停歇的潮汐：我们。

——埃利亚斯·卡内蒂

一双短袜

〔美国〕威·莱·菲尔普斯

<u>我见得太多了，于是得出一个结论：机械地干工作必然导致失败。</u>

一个明朗的下午，我走在第五大街上，忽然想起得买双短袜。至于为什么我只想买一双，那是无关紧要的。我看到第一家袜店，就走了进去，一个年纪不到17岁的少年店员向我迎来，"您要什么，先生？""我想买双短袜。"他的眼睛闪着光芒，话语里含着激情。"您是否知道您来到的是世上最好的袜店？"这我倒没有意识到，因为我是偶然走进这家商店的。"请跟我来，"那少年欣喜若狂地说。我随他来到店堂后部，少年从一个个货架上拖下一只只盒子，把里面的袜子展现在我的面前，让我赏鉴。

"等等，小伙子，我只要买一双！""这我知道，"他说，"不过，我想让您看看这些袜子有多美，多漂亮，真是好看极了！"他脸上洋溢着庄严和神圣的狂喜，像是在向我启示他所信奉的宗教的玄理。我对他的兴趣远远超过了对袜子的兴趣。我诧异地望着他。"我的朋友，"我说，"如果你能一直这样热情，如果这热情不只是因为你感到新奇，或因为得到了一个新的工作——如果你能天天如此，把这种热心和激情保持下去，不到10年，你会成为全美国的短袜大王。"

我对这少年做买卖的自豪感和喜悦的心情觉得惊异，读者对此应当不难理解。因为在许多商店，顾客得静候店员的招呼。当某位店员终于屈尊注意到你，他那种模样会使你感到是在打扰他。他不是沉浸在沉思中，恼恨别人打断他的思路，就是在同一个女店员嬉笑聊天，叫你感到不该打断如此亲昵的谈话，反要向他道歉似的。

无论对你，或是对他领了工资专门来出售的货物，他都毫无兴趣。然而就是这么个冷漠无情的店员，可能当初也是怀着希望和热情开始他的职业的。年复一年枯燥乏味的苦差使他无法忍受，新奇感也被磨掉了，只在工作之余，他才能找到一点欢乐。他成了一个傀儡，变得无能，他看到那些工作热情比他高的年轻店员晋了级，超过了他，他感到愠怒。他已走到最后一站，他不再有用了。

各行各业都有许许多多人在生活的道路上走下坡路，意志消沉。我见得太多了，于是得出一个结论：机械地干工作必然导致失败。一些学院和学校里面的教师，几乎比他们最迟钝的学生还要呆板，他们也进行教学活动，但就像一台台电话机一般，他们没有一点人情味。

行动中创造

〔法国〕罗曼·罗兰

巨大的播种者散布着种子，仿佛流泻的阳光，而每一颗洒下来的渺小种子就像另一个太阳。

生存何足道！要生活，就必须行动。你在何处，我在向你呼吁，箭手！生命之弓在你脚下横着。俯下身来，拣起我吧！把箭搭在我的弓弦上，射吧！

我的箭如飘忽的羽翼，嗖地飞去了，那箭手把手挪回来，搁在肩头，注视着向远方消失的飞矢。而渐渐地，已经射过的弓弦由震颤归于凝止。

神秘的发泄！谁能解释呢？一切生命的意义就在于此——在于创造的刺激。

万物都期待着在这刺激的状态中生活。我常观察我们那些小同胞，那些兽类与植物奇异的睡眠——那些禁锢在茎衣中的树木、做梦的反刍动物、梦游的马、终身懵懵懂懂的生物。我在他们身上感到一种不自觉的智慧，其中不无一些悒郁的微光，显出思想快形成了：

"究竟什么时候才行动呢?"

微光隐没。他们又入睡了,疲倦而听天由命。

"还没到时候呐。"

我们必须等待。

我们一直等待着,我们这些人类。时候毕竟到了。

可是对于某些人,创造的使者只站在门口。对于另一些人,他却进去了。他用脚碰碰他们:

"醒来!前进!"

我们一跃而起。咱们走!

我创造,所以我生存。生命的第一个行动是创造的行动,一个新生的男孩子刚从母亲子宫里冒出来,一切都是种子,身体和心灵均如此。每一种思想是一颗植物种子的包壳,传播着输送生命的花粉。造物主是一个劳作了六天而在安息日休憩的有组织的工人。安息日就是主日,那伟大的创造日。造物主不知道还有什么别的日子。如果他停止创造,即使是一刹那,他也会死去。因为"空虚"会张开两颗等着他……颚骨,吞下吧,别作声!巨大的播种者散布着种子,仿佛流泻的阳光,而每一颗洒下来的渺小种子就像另一个太阳。倾泻吧!未来的收获,无论肉体或精神的!精神或肉体,反正都是同样的生命源泉。"我的不朽的女儿,刘克屈拉和曼蒂尼亚……"我产生的思想和行动,作为我身体的果实……永远把血肉赋予文字……这是我的葡萄汁,正如收获葡萄的工人在大桶中用脚踩出的一样。

因此,我一直创造着。

第一辑　存在是一种境界

自我介绍

〔黎巴嫩〕纪伯伦

我将自己的生命融入写作和绘画之中。我在这两种艺术中享受到的乐趣超乎一切娱乐之上。

人的一生，最妙不可言的就是：灵魂仍然翱翔在流连忘返的地方。我就是这样一个忽视时间与距离，仍然记住这些地方的人。哪怕是一个小小的梦幻，我也不会让它随白云飘向远方。正是对于昔日的怀念，唤起了我的永恒记忆。但是，假如让我在悲伤和欢乐之间作一抉择，我不愿用我自己的心灵的悲伤去换取全世界的欢乐。

让我用帷幕挡住过去，讲一讲我目前及今后的事情给你听吧。我知道，你喜欢听一个你所喜欢的男孩说的事情。听着，我给你讲述纪伯伦故事的第一章：我体质很差，却很健康，因为我从来不去想它，也没时间想它。我喜欢抽烟，也喜欢喝咖啡。如果你现在来看我，一进房门，你就会发现我隐身在浓浓的烟雾里，烟雾里混合着亚满尼特咖啡的香味。

我嗜工作如命，绝不能容忍不干活让时间白白流逝，哪怕是一秒钟。一旦我发现自己变得迟钝或者懒于思考，那日子真比奎宁还苦涩，比狼牙还锋利。我将自己的生命融入写作和绘画之中，我在这两种艺术中享受到的乐趣超乎一切娱乐之上。我感觉得出来，体内情感的火焰想籍墨水和钢笔表达出来。但我不能确信，阿拉伯世界是否还会像三年前一样友好地对待我。我之所以这样说，是因为已经有敌意的迹象显示出来。叙利亚人称我为异教徒，埃及的文人墨客拼命诋毁我："他是公正法律的敌人，家庭纽带的对手，传统的叛逆。"他们讲

智者伴你领悟人生

得都不错。我不喜欢人为的法律,又蔑视我们祖先留下的传统。仇恨源自那神圣而崇高的仁慈的爱,这种仁慈是尘世一切法律的源泉,因为仁慈是上帝在人身上的影子。我知道,我赖于写作的原则是世界上大多数人心灵的呼声,因为精神的独立倾向之于生活,就像我们的心灵之于肉体,是独立的……我这些说法是会被阿拉伯世界接受呢,抑或像影子一样渐渐隐去,最后消失?

纪伯伦能使人们的眼睛从脑袋和荆棘转向光明和真理吗?或是纪伯伦像其他庸人一样从这个世界走向天国,而不留下任何表明他存在过的东西呢?我不得而知。可我觉得心灵深处有一股强大的力量在躁动,一直想迸发出来,并且总有一天它会在上帝的帮助下迸发的。

每一天的决战

〔日〕池田大作

<u>对眼下能做的事情不付出全力的人,是没有资格谈未来的。</u>

人生如梦,而生命是永恒的。转瞬即逝的生命比所有的财宝都珍贵。将如此宝贵短促的生命无所事事地轻抛是可耻的。

对人类来说,没有比为使命而活着更可贵的了,同时也没有比不知为何生存更空虚的了。彷徨的人只不过在别人眼中是自由的,对不得不彷徨于路的人来说,他没有了生存的根基,打发着一个个充满不安和内心空虚的苦恼日子。没有使命感的人生犹如彷徨的人生。

即使在今世看来比较理想的人生观,若站在上一级宇宙的高度来考察,就会产生疑问:这是正确的人生观吗?这就成为一个极其艰深的问题。必有一个宇宙至高的,或者说代表生命本源的法则,所谓命运,不就是人们从法则那儿得到的报应吗?

第一辑　存在是一种境界

人类生命中有一个像最大公约数一样的共同基础。那是生命的支柱，在这个基础之上，人们的才能、天分得到发挥。若失去了做一个人最本质的基础，再杰出的才能也会枯竭，甚至会耗尽生存的力量，不得不走向衰亡。人类生命中这种必备因素是与生俱来的，熟知人的本质基础之后，才能去寻找可充分发挥个性的合适场所。

"既然是人就要竭尽全力生存。"把这一条当做焦点来观察一个人，就会发现，外表的不同都是枝节。去掉这些枝节，只会剩下赤裸裸的人类生命的胴体。要判断他的人生价值，这是唯一的基准。

人生就是建设，一旦建设停止，人生就失败了。

对自己眼下能做的事必须点燃起你的热情。对眼下能做的事情不付出全力的人，是没有资格谈未来的。首先得稳稳地站住脚跟，才能进行下一个大飞跃。

想想看，一天只有24小时，利用交通工具，跑得再快，也不能改变这一点。这样说来，不管在哪里，不管怎样做，只有自己的"存在"才是确实的。怎样充实这个自我呢？这就看你怎样充实每一天。甚至是否能使自己的人生丰富多彩，是否能在社会上拥有主动权，关键也在于每一天的充实。有利的环境本身是单调的，如果你设法利用这些有利因素，使自己的人生变得充实起来，这种脑力劳动本身就是丰富多彩的。

人们每一天都在决战，昨天的成功，并不能保证今天的胜利，昨天的挫折不一定就导致今天的失败。每一瞬间的实干才是重要的。所有的实干加在一起，它的本质就是你的机会和才能，这才是你一生的总决算。

我的生活

〔美国〕亨利·门肯

我所做的恰好是自己想做的事，我对自己所做的事可能会对别人产生什么

影响不感兴趣。

我远比大多数人幸运，因为我从童年起就能靠工作谋得优裕的生活，我所做的恰恰就是我一直想做的事——要是不给我报酬，我照样会干，而且还很乐意。我相信像我这样幸运的人不会很多。千百万人不得不为了生活而从事他们不感兴趣的工作。至于我，除了也曾遭逢人生难免的不幸之外，一直过着非常愉快的生活。因为我在不幸中仍享受到自由行动所带来的巨大满足。总的说来，我所做的恰好是自己想做的事，我对自己所做的事可能会对别人产生什么影响不感兴趣。我写文章、出书并不是为了取悦于人，而是为了自己的满足，正如一头母牛产奶不是为了使牛奶商获利而是为了自己的满足一样。我希望自己的大部分思想是健全的，但我其实并不在乎。世人可以对它任意取舍，反正我在构思它时已经得到了乐趣。

我认为，获取幸福的手段除满意的工作以外，就要数赫胥黎所谓的家庭感情了，那是指与家人、朋友的日常交往。我的家庭曾遭受过重大的痛苦，但从未发生过严重的争执，也没有经历过贫困。我和母亲及姐妹在一起感到十分幸福，我和妻子在一起也感到十分幸福。经常和我交往的人大多是我多年的老朋友。我和其中一些人已有30多年的交情了。我很少把结识不到10年的人视为知己。这些老朋友使我愉快。当工作完成时，我总是怀着永不消歇的渴望去找他们。我们有着共同的情趣，对世事的看法也颇为相似。他们中的大多数人都和我一样爱好音乐，在我的一生中，音乐比任何其他外界事物给我带来更多的欢愉。我对它的爱与日俱增。

至于宗教，我可以说是完全没有。我成年以后从未有过任何堪称宗教冲动的经历。我的父亲和祖父在我面前都是不可知论者，虽然我小时候也曾被送进主日学校，接触基督教神学，但他们从没有命令我信仰宗教。我父亲认为我应该学习宗教知识，但他显然从未想到过要我信教。他真是一位优秀的心理学家。我在主日学校的收获——除熟悉了大量的基督教赞美诗以外——就是建立了这样一个坚定的信念：基督教信仰充满着明显的荒谬之处，基督教的上帝是反常、悖理的。从那以后，我读了大量的神学著作——也许远比一般的牧师读得更多——但我从未发现有任何理由要我改变自己的想法。

美国梦

〔美国〕德莱塞

唯一的志向就是要去达到一个地位，可以靠他们的财富进入并留居纽约，支配着大众，在他们认为是奢侈的里面奢侈着。

二三月间，春来欢迎你的时候，商业街的窗口拥塞着精美无比的薄绸以及各色各样缥缈玲珑的饰品，还有什么能这样分明地报告你春的到来吗？十一月一开头，它便歌唱起棕榈滩、新开港以及热带和暖海的大大小小的快乐。等到十二月，那么同是这条马路上又将皮货、地毯，跳舞和宴会的时装，陈列得多么傲慢，对你大喊着风雪快要来了，其实你那时从山上或海边回来还不到10天哩。你看见这么一幅图画，看见那些上流人物的住宅，总以为全世界都是非常繁荣、独特而快乐的。然而，倘使你知道那俗艳的社会的矮丛，那介于成功的高树之间的徒然生长的乱莽和丛簇，你就会觉得这些无边的巨厦里面并没有一桩事件是完美而沉默的了！

我常常想到那庞大数量的下层人，那些除了自己的青春和志向之外再没有东西推荐他们的男孩子和女孩子，日日时时将他们的面孔朝着纽约，侦察着那个城市能够给他们怎样的财富或名誉，不然就是未来的位置和舒适，再不然就是他们将可收获的无论什么。啊，他们的青春的眼睛是沉醉在它的希望里了！于是，我又想到全世界一切有力的和半有力的男男女女们，在纽约以外的什么地方勤劳地这样那样的工作——一家店铺，一个矿场，一家银行，一种职业——唯一的志向就是要去达到一个地位，可以靠他们的财富进入并留居纽约，

支配着大众，在他们认为是奢侈的里面奢侈着。

你就想想这里面的幻觉吧，真是深刻而动人的催眠术啊！强者和弱者，聪明人和愚蠢人，心的贪馋者和眼的贪馋者，都怎样向那庞大的东西寻求忘忧草，寻求迷魂汤，我看见人们似乎愿意拿出任何的代价——拿出那样的代价——去求一啜这口毒酒，总觉得十分惊奇。他们在展示着怎样一种刺人的颤抖的热心。美愿意出卖它的花，德性出卖它的最后的残片，力量出卖他所能支配的范围里面一个几乎是高利贷的部分，名誉和权力出卖它们的尊严和存在，老年出卖它的疲乏的时间，以求获得这一切之中的一个小部分，以求赏一赏它的颤动的存在和它造成的图画。你难道没听见他们唱它的赞美歌吗？

同情百万富翁

〔英国〕萧伯纳

<u>他要照管更多的钱财，要看更多向他告贷的信，难道这也是一种乐事？</u>

在这个国度所有制造商的广告上，我发现什么东西都是为成百万人生产的，而为百万富翁生产的却什么也没有。儿童、少年、青年、绅士、太太小姐、手艺人、职员，甚至贵族和国王，他们都得到供应。但是百万富翁的光顾显然并不值得欢迎，因为他们人数太少。穷光蛋有他们的旧货商场，那是在猎狐犬沟的一个货源充足、生意兴隆的市场，在那里一便士能买到一双靴子。而你找遍世界，也找不到一个市场能批发50英镑一双的靴子，40畿尼一顶的高档帽子，骑自行车时穿的金线织品，值四颗珍珠一瓶的克娄巴特拉女王牌红葡萄酒。

因此，不幸的百万富翁对巨额财富要承担责任，而其享受却不可能高于普通的有钱人。说真的，在好些方面，他的享受高不过许多穷人，甚至比不上穷人。因为一名军乐队的指挥穿得比他漂亮,驯马师的马童常骑更骏的马;头等车厢向来要与服侍年轻太太小姐们晚间去兜风的勤杂人员共享;到布赖顿过星期天,人人都乘普尔门式火车的客车。一个买得起夹孔雀脑三明治的人,碰到只有火腿或牛肉供应,也只好徒唤奈何!

诸如此类不公平的情况,这里还远远没有说完。一个人每年收入25英镑,一旦他的收入增加一倍,他的舒服程度可以提高无数倍。一个人每年收入50英镑,一旦收入增加一倍,至少可以得到四倍的舒服。说不定每年收入高达250英镑的人,双倍的收入也意味着双倍的舒服。超过此数者,舒服程度的增长与收入增长的比例就越来越小,最后,他成了财富的牺牲品,对于凡金钱所能买到的任何东西他都感到厌腻,甚至恶心。你说人人喜欢金钱,就以为他多得10万英镑便会高兴,如同因为小孩子爱吃糖果,你就以为糖果店的小伙计乐意每天加班两小时一样。可是百万富翁究竟要那百万英镑做什么呢?难道他需要一大队游艇?要挤满海德公园骑马道那么多的马车?要一支仆从大军?要整城的住房?或者整个一块大陆作为他狩猎的林苑?一个晚上他能上几个戏院看戏?一个人能同时穿几套衣服?一天又能比他的厨子多消化几餐?他要照管更多的钱财,要看更多向他告贷的信,难道这也是一种乐事?穷人可以做黄粱美梦,可以坐下来盘算,如果哪一天一位素不相识的亲戚给他留下一笔财产时他该如何消受,以致暂时忘了自己的穷困,因为这种飞来横财总不是绝对不可能的。而百万富翁却用不着再做这种黄粱美梦,难道这也是件乐事?

享 受

〔德国〕康德

生活情致上的这种节省由于推延了享受,实际上会使你更富有。哪怕你在生命的尽头通常要放弃对这些财富的使用。

能够最彻底、最容易地平复一切痛苦的手段是，人们也许可以使一个有理性的人想到这样一个念头：一般说来，生命在有赖于幸运之机的享受方面来说是完全没有价值的，只有在它被用来指向某个目的时才有价值。这种价值不是运气所能带来的，只有智慧才能为人创造它，因而是他力所能及的。谁因担心价值的损失而忧心忡忡，他将永远生活得不快乐。

年轻人！你要放弃满足（娱乐、饮宴、爱情等等的满足），就算不是出于禁欲主义的意图，而是出于高尚的享乐主义要在将来得到不断增长的享受。生活情致上的这种节省由于推延了享受，实际上会使你更富有，哪怕你在生命的尽头通常要放弃对这些财富的使用。把享受控制在你手中这种意识，正如一切理想的东西一样，要比所有通过一下子耗尽自身因而放弃整个总体来满足感官的东西要更加有益，更加广博。

奢侈是在公共活动方面，在带有鉴赏性的社交生活中豪华过度（鉴赏力是与这种过度豪华的享受相违背的）。但这种过度豪华如果没有鉴赏性，就是公开的放纵。当我们考察享受的两种不同结果时，奢侈就是一种不必要的浪费，它导致贫穷；放纵却是一种导致疾病的浪费，前者倒还可以与民族的进步文明（在艺术和科学中）相一致，后者则是一味地享受，最终导致恶心。这两者所具有的虚夸性（表面的光彩）都比自身的享乐性更多。前者是为了理想的鉴赏力而精心考究（比如在舞会上和剧场里），后者是为了在口味和感官上的丰富多彩。用反浪费法对这两者加以限制，这是毋庸置疑的。然而，用来部分地软化人民以便能更好地统治的美的艺术，却会由于简单粗暴的干预而产生与政府的意图相违背的效果。

好的生活方式是与社会活动相适合的。由此可见，奢侈使好的生活方式受到损害，而有钱人或上等人所使用的"他懂得生活"这一说法意味着，他在社交享受中带着清醒的（有节制的）头脑精明地做选择，使享受从两方面得到增益，这是目光远大的。

第一辑　存在是一种境界

我们的富足

〔美国〕弗洛姆

<u>在林肯时代，巨大的社会区别存在于自由人和奴隶之间。今天它存在于多余的富足和贫困之间。</u>

本世纪中叶以来，许多人，主要是年轻人，已经得出这样的结论：我们的社会是不合格的。现在你可能会反对这种看法，说我们已经取得了值得夸耀的伟大成就，我们的技术已经取得空前的进步。但是，这只是事情的一个方面。另一方面是，这个社会已经证明它无力防止两次巨大的战争和许多局部战争。它不仅纵容了而且实际上促进了导致人类走向自灭的进程。在我们的历史上，我们从来没有面临如此众多的破坏潜力。这一事实指出了任何技术成就都无法掩饰的可怕的无能。

当一个社会富裕得足以为你提供去月球访问，却不能正视并减小自身整个毁灭的危险时，那么——不管你是否乐意——这种社会就应被贴上无能的标签。它在威胁到所有生物的环境退化面前也是无能的，饥荒时刻威胁着印度、非洲，以及所有非工业化国家，但是，我们的反应仅是几次演讲和一些空洞的姿态。我们继续快乐地过着奢侈的生活，好像我们对这种生活后果缺少预见的智能。这是能力缺乏的具体表现。它已经动摇了年轻一代对我们的信任，并给了他们很好的理由。因此我感到，尽管我们这个指望成功的社会有众多长处，但这种对处理迫切问题的无能已经严重破坏了对家长制的权威主义秩序的结构和力量的信仰。

在我们对这种危机的后果做进一步观察以前，我想在此指出，即使在西方世界，我们也只有一个部分富足的社会。在美国，几乎有40%的人口生活在贫

困线以下。事实上那里有两个阶层：一个阶层生活在富足之中，而另一个阶层，它的贫困许多人并不想知道。在林肯时代，巨大的社会区别存在于自由人和奴隶之间，今天它存在于多余的富足和贫困之间。

我这里所说的一切，对那些生活在贫困中的人并不适用。他们还可能被这样的想法所迷惑：那些奢侈挥霍的人正过着天堂般的生活，穷人只是帮助填满宽阔屏幕的临时演员，供富人们看着消遣。这对少数民族来说同样如此，在美国对非白人来说尤其如此。超出这个范围，对于整个世界来说也不适用。对整个人类的 2/3 也不适用，他们还没有从家长制的权威主义的社会秩序中获得益处。如果我们要为权威主义和非权威主义人口之间的关系画一个准确的图画，我们必须意识到尽管富足的社会可能继续支配今天的世界，但它不仅正面临着完全不同的传统，也面临着我们已经开始感觉到并将继续感觉到的一些新的力量。

活着的死亡

〔英国〕劳伦斯

他们从没有活过。他们就像田野里的羊群，用鼻子在地上嗅着，期待着能增加一些食物。

对很多生活了许多年的人来说，已没有鲜花盛开这类事了。许多人像腐生植物一样，生活在旧时死亡的躯体中。许多人是寄生虫，生活在旧时衰落的国家里。更多的其他人只是些杂质、混杂物。这些日子里，许多人、大多数人靠死的冲动来到这个世界，结果发现死的冲动并不足以带领他们进入绝对。他们达到了物理生命的成熟期，然后就开始走下坡。他们没有力量进一步走向黑暗。他们先天不足，出生后也只是随波逐流，根本不可能有第二次死亡。在他们到

第一辑　存在是一种境界

达之前，他们就已经筋疲力尽。他们的生命正在缓缓地流逝，内部正在缓慢地腐烂。他们倚赖的洪水是分解的洪水、腐败的洪水。他们就存在于这种洪水之中。他们像那些大大的、不会开花的卷心菜。他们获得了叶子的葱郁和脂肪，然后开始在内部腐烂。由于缺乏有效的创造的冲动，他们陷入了严重的肥胖。就像我们的家畜、羊和猪一样。它们为生命而欢快地跳跃，仿佛它们将要达到纯粹的境地。但是，潮水没把它们往那儿带。它们变肥了，它们生存的唯一理由就是为活着的有机体提供食物。它们只在最初的时刻生存过那么一会儿，然后便逐渐陷入虚无。让我们来吞没它们。

许多活着的人，特别是生活在所谓衰败时期的人也是如此。他们有嘴有胃，有他们自己的可憎的意志。是的，他们同样有多产多育的子宫，并由此带来日益增加的机能不全。但是，他们没有内在的创造萌芽，也没有勇气面对真正的死亡。他们从没有活过。他们就像田野里的羊群，用鼻子在地上嗅着，期待着能增加一些食物。

这些人不会理解，既理解不了生也理解不了死。但他们会机械地哀声哭诉生命和正义，因为这是他们挽回形象的唯一方式。在他们眼里，虚无是狡猾的暴政。他们根本不理解什么叫活着的死亡，因为死亡包围了他们。如果一个人理解了活着的死亡，那么，他就是一个处在创造核心中的人。

创造核心能够包含死亡，但活着的死亡却是被包围的。让死人去埋葬他们的尸体吧。让活着的死人去照顾死去的人吧。创造又与他们何干？

活死人的正义是一种可恶的虚无，他们犹如草地上的羊群，吃了又吃，只是为了增大这种活着的虚无。这些人是如此之多，他们的力量是如此巨大，以致他们虚无的否定力量榨尽了我们的生命之血，就好像他们是一群吸血鬼似的。多亏有了老虎和屠夫，这使我们得以摆脱这些贪婪而具有否定力量的羊群的可怕暴政。

地狱箴言

〔英国〕威廉·布莱克

<u>人永远不会懂得什么叫"足够",除非他懂得了什么叫"过度"。</u>

驱着你的车和犁,在尸骨上碾过去吧。谨慎明智是有钱而丑陋的老姑娘,她被"无能"追求着。有愿望而无行动的人,是瘟疫的滋生源。被犁断的虫原谅犁头。凡好水者,应把他浸入河里。傻子和智者见到的不是同一棵树。谁脸上不发出光明,他就永远不会变成一颗星。永恒的爱是时间的产品。钟能计量愚行的时辰,却不能计量智慧的时辰。一切有益健康的食物都是不必用罗网或陷阱捕获的。度量衡要在荒年制定。没有一只鸟会飞得太高,如果它用自己的翅膀飞升。尸体不会为伤害复仇。如果傻瓜坚持他的愚蠢,他就会变聪明。法律之石筑成监狱,宗教之砖砌成妓院。孔雀的骄傲是上帝的荣耀。山羊的淫欲是上帝的智慧。女性的裸体是上帝的创作。狐狸责备捕兽夹,而不责备自己。欢乐授胎,悲哀生育。让男人穿狮皮,女人穿羊毛。

鸟需巢,蜘蛛需网,人需情谊。水池蓄,喷泉溢。一种思想能充满无限空间。时刻准备说出你心中的话,卑鄙的人就将躲避你。每件可信之事,都是真理之像。上过你的当的人最了解你。愤怒的虎比善教诲的马聪明。死水有毒。人永远不会懂得什么叫"足够",除非他懂得了什么叫"过度"。勇气弱者诡计强。苹果树不问山毛榉如何生长,狮子不问马如何猎食。如果别人不曾愚蠢,我们就会愚蠢。懂得甜蜜欢悦的心灵永远不会被玷污。当你看见一只鹰时,你就看见了神灵的一部分。抬起你的头来!毛虫把卵产在最美的叶子上,牧师把诅咒加在最美的欢乐上。创造一朵小花,需要万年之功。诅咒使人激奋,祝福使人懈怠。酒是陈旧的好,水是新鲜的好。祷告不能犁地!颂扬不能收割!轻蔑之于卑鄙者，恰如空气之于鸟或大海之于鱼。茂盛即美。狮以狐为谋士，就会变得狡猾。怀着心愿而不实行，等于谋杀摇篮里的婴儿。

时髦

〔法国〕蒙泰朗

精神和道德的风尚是经过各方面共同酝酿创造出来的，就像妇女的时装一样，完全是由时装行业在确定的日期制造出来的。

拜伦对一个法国人说："你们法国人，干什么事都是赶时髦。你们自以为喜欢我的诗，可是25年后，你们就会觉得这样的诗令人难以容忍。"后来这样的事果然发生了。卢梭描述法国人说："这个善于模仿的民族中大概有许多稀奇古怪的事。这些事简直让人莫名其妙，因为谁也不敢去做。应当随大流：这是当地表示谨慎稳重时的至理名言。这个能做，那个不能做，这是最高的决定……所有的人都在同样情况下、同时在那里做同样的事情。一切都是有节奏的，就像军队在战斗中的动作一样。你可以说这是钉在同一块木板上，或是被同一根线牵动的木偶人。"（《新爱洛依丝》）夏多布里昂也说："在法国，令人不可思议的是，如果有人听见别人对他的邻居高喊当心传染病，他就会大叫可要了我的命啦！"（《墓外回忆录》）

凡此种种，人们还以为自己是思考过的，并且是以新的方式思考的。更有甚者，人们还以为自己已付诸行动。奇怪的是，我们法国人对于前一天自己还鼓吹的东西，第二天却都转过头去不再理会。说起某种生活方式，不论是美妇倩女还是文人学者，动辄斩钉截铁地宣称它已经"过时"，不屑一顾。其实他们自己就是在这样的生活方式中成长的，他们的一切都是靠这样的生活方式得来的。至于青年人，在他们一生的这个关键时期，都有一种特殊的病态：凡是在

他们之前已经发明创造过的东西，他们都要得意洋洋、气势汹汹地重新发明创造一番。

精神和道德的风尚不是自然产生的。通常它们都是经过各方面共同酝酿创造出来的，就像妇女的时装一样，完全是由时装行业在确定的日期制造出来的。昔日的宫廷，现在的集团、报纸，甚至政府，都是制造精神和道德风尚的。民众随着一涌而入：他们的千年梦想就是与他人共同"思考"。可是，没有什么是比思想更具有个人特点的了，也没有任何两种思想是相同的，犹如没有两个指纹是相同的一样。民众虽然一涌而入，可是马上又退了出来。

大城市

〔德国〕齐美尔

<u>直觉的关系扎根于无意识的情感土壤之中，所以很容易在它习惯的稳定均衡中生长。</u>

大城市的精神生活跟小城市的不一样，确切地说，后者的精神生活是建立在情感和直觉的关系之上的。直觉的关系扎根于无意识的情感土壤之中，所以很容易在它习惯的稳定均衡中生长。相反，理智之所在却是我们的有意识的心灵表层，这里是我们的内心力量最有调节适应能力的层次，用不着摇震和翻松就可以接受现象的变化和对立，只有保守的情感才可能会通过摇震和翻松来使自己与现象相协调。当外界环境的潮流和矛盾使大城市人感到有失去依靠的威胁时，他们——当然是许许多多个性不同的人——就会建立防卫机构来对付这种威胁。他们不是用情感来对这些外界环境的潮流和矛盾做出反应，而是用理智，意识的加强使他们获得精神特权的理智。因此，对那些现象的反应都被隐藏到最不敏感的、与人的心灵深处距离最远的心理中去了。

第一辑　存在是一种境界

　　这种理性可以被认为是主观生活对付大城市压力的防卫工具。它有各种各样的表现，大城市向来就是货币经济的中心，因为经济交流的多样化和集中化，交流的媒介变得十分重要，而农村的经济交流贫乏，所以不可能具有这种重要的意义。但是货币经济与理性有极其密切的关系，对于货币经济和理性来说，对人和事物的处理的纯客观性是共同的，处理形式的合理性往往与坚决的不妥协性结合在一起。纯粹理性的人对一切特殊的个性都持无所谓的态度，因为一切特殊的个性所产生的关系和反应是逻辑所不能解释的，正如现象的个性不会出现于货币原则中一样，因为货币所关心的只是现象的共同问题，只是将全部质量和品质与价值多少加以平衡的交换价值。人与人之间的情感关系建立在人的个性基础上，而人与人之间的支付问题上的理智关系，在跟本身无关紧要的，只是根据其可以客观衡量的劳动有利益关系的问题上的理智关系，比如大城市的人与他们的卖主和顾客、与他们的仆人和可以进行社会义务交换的人之间的理智关系，则具有小范围的特点，在小范围内对个性的不可避免的认识同样也不可避免地产生了富有情感色彩的关系，产生了纯客观地衡量劳动和报酬的和美气氛。

置身世外

〔苏联〕帕斯捷尔纳克

<u>每天我都好像是从另一座城市来到这里，每天我的心脏总会加剧地跳动。</u>

　　对于城市的感受从来答复不了我生活于其中的那个地方，其原因就在于此。心灵的压力永远把城市推向远景描述的深处。那里，气喘吁吁地堆积着云朵，不计其数的炉火喷出的烟尘推开重云，聚敛起来，横悬在天空；那里，半坍塌的房屋的大门台阶竖在雪里，一排排地像泊在岸边的船只；那里，腐朽的、苟

且偷安的生活在吉他醉醺醺的调拨中度过；那里，端庄持重的妇女，因为在酒瓶旁厮混得过久，脸色变得绯红，搀扶着摇摇晃晃的丈夫们走出门来，冲进夜晚拉脚的马车夫的汹涌行列，像刚刚爬出气腾腾的浴缸，走进澡堂散发着桦树叶味道的凉爽的穿衣间；那里，有人服毒自杀，有人在火灾中丧生，有人泼硫酸令情敌毁容，有人身着花缎走向婚礼圣坛，有人踱进当铺去典当皮裘；那里有我辅导的留级生，他们在等我来上课，摊开书本，坐在那里摆出一副干瘪的嬉皮笑脸，彼此偷偷地眨着眼，充分显出低能的模样，像一棵棵番红花。那里还有一座肮脏的灰绿色大学楼，它那上百间讲堂一会嘈杂得像只蜂房，一会儿又变得鸦雀无声。

教授们从装怀表的衣袋里取出夹鼻眼镜，戴上，环视一下他的莘莘学子或者仰视一下讲堂的拱顶，学生们的头也跟着好像离开了衣领与绿色的灯罩成对地高悬在长绳上。

每天我都好像是从另一座城市来到这里，每天我的心脏总会加剧地跳动。如果那时我去看医生，他一定认为我是在打摆子。

这种不耐烦的慢性发作服用奎宁是不顶用的。我的这种突如其来的阵阵冷汗是我们这个执拗的粗糙的世界，是人们毫不掩饰的文过饰非所引起的。人们活着并走动着，搔首弄姿。要是把他们联合到一个居民点，那么就会有一架想象中的宿命天线矗立在他们中间。寒热病正是在这个臆想中的天线杆的底部冲击，这个天线杆输向另一极的电波发了高烧。在与远处的那根天才天线杆的交谈中，它呼唤那里的新的巴尔扎克来到它的乡镇。可是只需离开这根不祥的天线杆，这里马上就会降临平静。

第一辑　存在是一种境界

成功的代价

〔英国〕罗素

问题的根子在于，人们过分地强调竞争的成功，以至于将它当成幸福的主要源泉。

几乎所有的美国人都会选择利润率8%的风险投资，而不要4%的安全投资。结果是，金钱不断地丧失，人们为之担忧烦恼不已。就我来说，我希望从金钱中得到安逸快活的闲暇时光。但是典型的现代人，他们希望得到的则是更多的用来炫耀自己的金钱，以便胜过同自己地位一样的人们。美国的社会等级是不确定的，且处于不断的变化中，因而所有的势利意识，较之那些社会等级固定的地方，更显得波动不已。而且尽管金钱本身很难使人声名显赫，但要达到声名显赫，没有金钱也不行。再者，一个人挣钱多少已成了公认的衡量智商水平的尺度。大款一定是聪明人，反之，穷光蛋就肯定不怎么聪明。没有人愿意被看成傻瓜，于是，当市场处于不景气局面时，人就会像年轻时代在考场上一样惶惶不安。

我认为应该承认，破产所带来的真正的、虽然是非理性的恐惧感常常会进入商人的焦虑意识里。阿诺德·贝奈特笔下的克莱汉格，无论他变得多么富有，却总在担心自己会死在工场里。我毫不怀疑地相信，那些童年时饱受贫穷折磨的人，常常被一种担心自己的孩子遭受同样命运的恐惧所困扰；他们还常常产生这种想法，即很难积聚百万钱财来抵挡这一灾难。在创业者一代中，这种恐惧很可能是不可避免的，但对于从来不知一贫如洗为何物的人来说，却很可能没有什么影响。不管怎样，他们只是问题中一个较小的例外而已。

问题的根子在于，人们过分地强调竞争的成功，以至于将它当成幸福的主

要源泉。我不否认，成功意识更容易使人热爱生活。比方说，一个在整个青年时期一直默默无闻的画家，一旦他的才华得到公认，他多半会变得快乐幸福起来。我也不否认，在一定意义上，金钱能大大地助于增进幸福。而一旦超出这种意义，事情就不一样了。总之，我坚信，成功只能是幸福的构成因素之一，如果不惜牺牲所有其他一切因素以得到它，那么这个代价实在是太昂贵了。

劳作的乐趣

〔美国〕霍　桑

<u>我在菜园里辛勤工作，不仅满足我严格的爱美之感而已。</u>

满山豆苗，穿土而出。或者一排早春的豌豆，新绿初着，远远望去，刚好是一条淡淡的绿线——天下没有比这更迷人的景致了。稍后几个星期，豆花怒放，蜂雀飞来采蜜——天使般的小鸟，竟飞到我的玉液杯琼浆盏里来吸取它们的仙家饮食，我看了心里总是十分快乐。夏季黄瓜的黄花总吸引无数的蜜蜂，它们探身入内，乐而忘返，也使我非常高兴，虽然它们的蜂房在何处我并不知道，它们采得花露所酿成的蜜我也吃不到。我的菜园只是施舍，不求报偿，我看见蜜蜂一群一群地吸饱了花露随风飞去了，我很乐于布施，因为天下一定有人能吃到它们的蜜。人生的辛酸多矣，天下能多一点蜜糖，总是好事。我的生活也似乎因此甜蜜一点了。

讲起夏季南瓜，它们各种不同的美丽形体，实在值得一谈，它们长得如瓮如瓶，有深有浅，皮有一色无花的，也有起纹如瓦楞的，形体变化无穷，人的双手从来没有塑造过这样的东西，雕刻家到南瓜田去看一看，一定可以学到不少知识。我菜园里的100个南瓜，至少在我眼里看来，都值得用大理石如式雕刻，永久保存。假如上帝多给我些钱(不过我知道这是不可能的)，我一定要定做一套碗碟，材料用金子，或者用顶细洁的瓷土，形状就模仿我亲手种植出来的藤上的南瓜。这种碗碟拿来装蔬菜，更有相得益彰之妙。

我在菜园里辛勤工作，不仅满足我严格的爱美之感而已。冬季南瓜虽然长了一根弯脖子，没有夏季南瓜好看，可是看它们从小而大的生长，也自有一种快慰之感：瓜初结时，仅是小团，花的残瓣还依附在外，曾几何时，成了圆圆的大个儿，头部还钻在叶子里不让人见，可是黄黄的大肚子挺了起来，迎接中午时分的太阳。我凝神注视，心里觉得，凭着我的力量居然做了件很有意义的工作：世界上因此增添了新的生命。别看南瓜那么蠢然无知，它们真有它们的生命，你的手可以摸得出来，你的心可以体会得到，你看见了心里就会觉得高兴。白菜也是这样——尤其是早熟的荷兰白菜，它的腰围大得可怕，最后常常连心脏都会炸裂的——我能够参与天地造物之功，栽培出这样大的白菜，心里不由会觉得自豪。可是最大的乐趣还是在最后：一盘一盘的蔬菜，热气腾腾地摆在桌上，我们就像希腊神话中的萨腾大神一样，把自己的孩子吃下肚中去了。

在乡下

〔德中〕海德格尔

这样的时候，所有的追问必然会变得更加单纯而富有实质性。这样的思想产生的成果只能是原始而骏利的。

南黑森林一个开阔山谷的陡峭斜坡上，有一间滑雪小屋，海拔1150米。小屋仅6米宽，7米长。低矮的屋顶覆盖着3个房间：厨房兼起居室、卧室和书房。整个狭长的谷底和对面同样陡峭的山坡上，疏疏落落地点缀着农舍，再往上是草地和牧场，一直延伸到林子，那里古老的杉树茂密参天。这一切之上，是夏日明净的天空。两只苍鹰在这片灿烂的晴空里盘旋，舒缓、自在。

这就是我"工作的世界"——由观察者(访客和夏季度假者)的眼光所见的情况。严格说来，我自己从来不"观察"这里的风景。我只是在季节变换之际，日夜体验它每一刻的幻化。群山无言的庄重、岩石原始的坚硬、杉树缓慢精心地生长、花朵怒放的草地绚丽又朴素的光彩，漫长的秋夜里山溪的奔涌，积雪的平坡肃穆的单一——所有这些风物变幻，都穿透日常存在，在这里突现出来，不是在"审美"的沉浸或人为勉强的移情发生的时候，而仅仅是在人自身的存在整个儿融入其中之际……

严冬的深夜里，暴风雪在小屋外肆虐，白雪覆盖了一切，有什么时刻比此时此景更适合哲学思考呢?这样的时候，所有的追问必然会变得更加单纯而富有实质性。这样的思想产生的成果只能是原始而骏利的。那种将思想诉诸语言的努力，则像高耸的杉树对抗猛烈的风暴一样。

这种哲学思索可不是隐士对尘世的逃遁，它类似农夫劳作的自然过程。当农家少年将沉重的雪橇拖上山坡，扶稳橇把，堆上高高的山毛榉，沿危险的斜坡运回坡下的家里；当牧人恍无所思，漫步缓行赶着他的牛群上山；当农夫在自己的棚屋里将数不清的盖屋顶用的木板整理就绪：这类情景和我的工作是一样的。思想深深扎根于生活，二者亲密无间。

城市里的人认为屈尊纡贵和农民做一番长谈就已经很不简单了。夜间工作之余，我和农民们一起烤火，或坐在"主人的角落"的桌边时，通常很少说话。大家在寂静中吸着烟斗。偶尔有人说起伐木工作快结束了，前夜有只貂钻进了鸡棚，有头母牛可能早晨会产下牛犊，某人的叔伯害着中风，或者天气很快要"转"了。我的工作就是这样扎根于黑森林，扎根于这里的人民几百年来生活的那种不可替代的大地的根基。

第一辑　存在是一种境界

为何生活?

〔美国〕亨利·梭罗

如果你掌握了原则,何必去关心那亿万的例证及其应用呢?

　　为什么我们应该生活得这样匆忙,这样浪费生命呢?我们下了决心,要在饥饿以前就饿死。人们时常说,及时缝一针,可以将来少缝九针,所以现在他们缝了1000针,只是为了明天少缝9000针。说到工作,任何结果也没有。我们患了跳舞病,连脑袋都无法保持静止。如果在寺院的钟楼下,我刚拉了几下绳子,使钟声发出火警的信号,钟声还没大响起来,在科德附近田园里的人,尽管早晨说了多少次他如何如何地忙,没有一个男人,或孩子,或女人,我敢说是会不放下工作而朝着这声音跑来的,主要不是要从火里救出财产,如果我们说老实话,更多的还是来看火烧的,因为已经烧着了,而且这火,要知道,不是我们放的;或者是来看这场火是怎么被救灭的,要是不费什么劲,也还可以帮忙救救火;就是这样,即使教堂着了火也是这样。一个人吃了午饭,还只睡了半个小时的午觉,一醒来就抬起了头,问,"有什么新闻?"好像全人类在为他放哨。有人还下命令,每隔半小时唤醒他一次,并不为什么特别的原因;然后,为报答人家起见,他谈了谈他的梦。睡了一夜之后,新闻不可缺少,正如早饭一样重要。"请告诉我发生在这个星球之上的任何地方的任何人的新闻",——于是他一边喝咖啡,吃面包卷,一边读报纸,知道了这天早晨在瓦奇多河上,有一个人的眼睛被挖掉了。一点不在乎他自己就生活在这个世界的深不可测的大黑洞里,自己的眼睛里早就是没有瞳仁的了。

　　拿我来说,我觉得有没有邮局都无所谓。我想,只有很少的重要消息是需要邮递的。我一生之中,确切地说,至多只收到过一两封值得花费邮资的信——这是我几年前写过的一句话。通常,一便士邮资的制度,其目的是为一

个人花一便士，你就可以得到他的思想了，但结果你得到的常常只是一个玩笑。我也敢说，我从来没有从报纸上读到什么值得纪念的新闻。如果我们读到某某人被抢了，或被谋杀或者死于非命了，或一幢房子烧了，或一艘船沉了，或一艘轮船炸了，或一条母牛在西部铁路上被撞死了，或一只疯狗死了，或冬天有了一大群蚱蜢——我们不用再读别的了。有这么一条新闻就够了。如果你掌握了原则，何必去关心那亿万的例证及其应用呢？对于一个哲学家，这些被称为新闻的，不过是瞎扯，编辑和读者就只不过是在喝茶的长舌妇。

努 力

〔印度〕克利希那穆尔提

当意识到空虚而不做选择、不加谴责或不加辩护时，我认识自我的过程中就会有一种行为，而这种行为是有创造力的。

为什么会有实现自我的愿望呢？显然，一旦意识到生命没有内容，那么，要去实现、要成为某种东西的愿望就会出现。因为我什么都不是，因为我是不足的、空虚的，精神上是贫乏的，所以，我要为成为某种东西而奋斗；要为实现自我——或外在或内在地按照一种人、一种事物、一种观念——而奋斗。填补空虚就是我们生存的整个过程。因为意识到我们是空虚的，精神是贫乏的，所以我们或是为聚集外在的事物而奋斗，或是为培养精神的财富而奋斗。什么时候对内在的空洞有一种通过行为、通过期望、通过获得、通过成就、通过权力等手段的逃避，那么，什么时候就存在着努力。这就是我们的日常生活。我意识到我的不足，我精神上的贫乏，因而我为逃离它或填补它而奋斗。这种逃离、回避或试图去掩盖空洞必然需要奋斗、竞争和努力。

那么，一个人如果不做一种逃离的努力，会发生什么呢？一个人如果与孤独、空虚相伴，那么，在接受这种空虚的过程中，一个人将会发现一种具有创造力的状态——在这种状态中不存在任何要靠竞争、努力去做的事情——的到来。只要我们试图回避内在的孤独、空虚，那么，就存在着努力，但是，一旦我们审视它、观察它，一旦我们毫不回避地接受自我，那么，我们将发现，一种生存状态——在它那里所有的竞争都停息——就会到来。这种生存状态就是创造，而这种创造并不是竞争的产物。

当对那个空虚的和内在不足的自我有两种认识时，当一个人与那种不足以及对那种不足的充分认识相伴为生时，具有创造力的现实、具有创造性的努力就会产生，而只有这种现实和努力才能带来幸福。

因此，正如我们所知，行为其实就是反应，它是一种不间断地使自己成为某种东西的过程，而这一过程是对自我的否定和回避。但是，当意识到空虚而不做选择，不加谴责或不加辩护时，我认识自我的过程中就会有一种行为，而这种行为是有创造力的。如果你在行为中意识到你自己，那么，你将认识到这一点。在你行动的时候观察你自己，不仅能看到外在的东西，而且能看到你的思想和感情的活动。一旦你意识到这种活动，你就会看到一种思想过程，它也是感情和行为的过程，但它是基于一种要成为某种东西的观念上的过程。一旦有一种不安全感，这种要成为某种东西的观念就会出现，而当一个人意识到内在的空洞时，这种不安全感就会到来。

自然权利

〔美国〕艾德勒

<u>真正的善是靠我们的自然权利得到，而不是靠有利的外在环境。</u>

我们能向社会要求的唯一的自由，是正义限制范围内随意行事的自由和共和国公民所享有的、作为环境制约自由的变态形式的政治自由。

我们有无政治自由和在多大程度上拥有随意行事的有限自由，这些即使不是全部但也要大部分取决于我们所生活的社会：社会体制、社会组织、政府形式和法律。

如果情况是这样的话，我们就会面临两个问题：第一，我们为什么有权得到随意行事的有限自由？第二，为什么我们有权获得政治自由？什么人有权得到这种自由，是每个人都有权，还是只有一些人有权得到这种自由？

要回答这些问题，就必须先找出自然权利的基础。所谓自然权利，就是说，我们可以要求社会给我们以保障权，因为这种保障是我们天生就赋有的权利。我们说它不可过度，是因为要想合法地剥夺这种权利，必须有特殊的理由。

拥有这些权利的确是好事，因为它们满足了人性固有的需要。我们的这种认识就是我们有所需要的基础。

从道德上讲，我们有义务追求幸福。就是说，我们有义务通过追求真正好的东西，通过追求一切能满足我们自然需要的好东西，去使人类过上好日子。我们有权得到我们过好日子所需要的一切。

我们的自然需要不仅是我们识别真正的善和表面的善的基础，也是区别我们有自然权利得到真正的善和无权得到表面的善的基础。但是，我们得到这些善，要不妨碍任何其他人获得真正的善。

真正的善是靠我们的自然权利得到，而不是靠有利的外在环境。如果我们不能合法地要求社会给予我们过好日子所需要的东西，我们就无法通过为自己创造美好生活的方式来履行我们追求幸福的道义责任，并不是所有好事我们都能得到，因为有些好事是靠运气才能得来，也就是说，它们是有利的外在环境所赋予的。

妥 协

〔美国〕爱因·兰德

"妥协"（非原则意义上使用的那个词）不是对人们满足的破坏，而是对自己信念的破坏。

今天，当人们谈及"妥协"时，并非指法律上的相互让步或交易，确切地说是一种原则的背弃，单方面屈从于没有根据和理性的要求。这种观点的根源是伦理主观主义，认为欲望或奇想是最基本的道德要求，任何人有权追求自己想要的，所有欲望在道德上具有同等价值，人们结合在一起的唯一方法是对任何事或任何人的让步和妥协。很容易发现，在这种观点支配下，谁是得益者？谁又是受损害者？

这种观点的不道德性，以及现在流行的"妥协"一词所包含的对道德的践踏在于：它要求人们接受伦理主观主义，以此作为基本的原则而规定人类关系的其他准则，并为了他人的奇想而牺牲自己的一切。

"生活需要妥协吗？"这一问题，通常是由这些人提出的，他们没有区分事物的基本原则和某些具体的、特殊的愿望。接受低于自己希望的工作并不是"妥协"。听从老板下达的应该如何工作的指令也并不是"妥协"。吃了蛋糕之后不再具有蛋糕同样也不是妥协。

诚实不是对自己主观奇想的忠诚，而是听从理性的原则。"妥协"（非原则意义上使用的那个词）不是对人们满足的破坏，而是对自己信念的破坏。"妥协"并非是做自己不喜欢的事，而是做自己知道是恶的事，陪伴自己的丈夫或妻子去听音乐会，而自己又不喜欢音乐，这不是"妥协"；而屈从其非理性的要求是一种妥协。替与自己观点不同的老板工作不是"妥协"，但装作与他观点一致却是"妥协"；接受出版商的建议并修改自己的作品，意识到这种建议的合理性也不是一种"妥协"，但是，违背自己的判断和标准，以取悦出版商和公

众，这却是一种"妥协"。

在所有这些例子中，唯一的借口是：这种"妥协"是暂时的，目的是使他或她感化并完善他们。但是，人们不能以屈从为手段来纠正丈夫或妻子的非理性，因为这只能鼓励它们的进一步滋长。人们也不能通过宣传对立者的观点而使自己的见解取得胜利。当一个人有了名望之后，也不能继而提供一些敷衍塞责的作品。当人们发现自己很难忠实于自己的信念，那么一系列背离信念的行为就会接踵而至，从而令人们缺乏抵御恶势力的勇气。以后，就不那么容易坚持自己的信念，甚至使那样做成为完全的不可能。

自由与克制

〔英国〕罗斯金

<u>蝴蝶比蜜蜂自由得多，可人们却更赞赏蜜蜂，不就是因为它善于遵从自己社会的某种规则吗？</u>

明智的法规和适当的克制，对于高尚的民族而言，虽说在某种程度上不免有点累赘，但它们毕竟不是束人手足的锁链而是护身的铠甲，是力量的体现。请记住，正是这种克制的必要性，如同劳动的必要性一样，值得人类崇敬。

每天，你都可以听到无数蠢人高谈自由，就好像它是无上光荣的东西，其实远非如此。从总体上来讲，从广义上来讲，自由并不是什么值得炫耀的东西，它不过是低级动物的一种属性而已。

任何人，伟人也罢，强者也罢，都不能像游鱼那般自由自在。人可以有所为，又必须有所不为，而鱼却可以为所欲为。集天下之领土于一体，其总面积也抵不上半个海洋大；纵使将世上所有的交通线路和运载工具都用上（现有的再添上将要发明出来的），也难比水中鱼凭鳍游来得方便。

第一辑　存在是一种境界

你只要平心静气地想一想，就会发现，正是这种克制，而不是自由被人类引以为荣；进而言之，即便低级动物也是如此。蝴蝶比蜜蜂自由得多，可人们却更赞赏蜜蜂，不就是因为它善于遵从自己社会的某种规则吗？自由与克制这两个抽象的概念，后者通常更显得光荣。

确实，关于这类事物以及其他类似之物，你绝不可能单单从抽象中得出最后的结论。因为，对于自由与克制，倘若你高尚地加以选择，则二者都是好的；反之，二者都是坏的。然而，我要重申一下，在这两者之中，能显示高级动物的特性而又能改造低级动物的，还有赖于克制。而且，上自天使的职责，下至昆虫的劳作，从星体的均衡到灰尘的引力，一切生物、事物的权力和荣耀，都归于服从而不是自由。太阳是不自由的，枯叶却自由得很；人体的各部没有自由，整体却很和谐，相反，如果各部有了自由，势必导致整体的溃散。

善生活

〔美国〕弗兰克纳

一个人的善生活可以像另一个人的善生活那样善，甚至那样的内在善。

当今有一种广泛流行的观点（甚至从浪漫时代就开始了），它贬低满足和美德，赞成自律、可靠、义务、创造、决定、自由、自我表现、奋斗、反抗等等。我认为这种观点按其本义或其极端形式来看是站不住脚的，但它包含了一个重要真理，即一个人所能有的最好生活必须具有形式——不仅是在模式的意义上，而且是在由某种态度、姿态或"生活风格"所引起的意义上。怀特海称之为"主观形式"，他认为尊重应该成为我们生活中占支配地位的风格，尽管他也提到了其他风格。在我看来，自律和上述其他形式在这里也起了作用。但是，我还想补充理性以及和客观、理智的责任感等有关的品质。也许还应提到爱。至

智者伴你领悟人生

少可以说，如果弗洛姆等心理学家是正确的，那么要使一个人的生活成为善的，就不仅应该在道德意义上、还应该在非道德意义上是善的。人们不能过于关心自我生活的善，还应该考虑自我之外的原因和客体。

仅就善生活所具有的内容、模式和主观形式而言，它们对不同的人无疑是完全不同的。要想找到这一问题的答案，很大程度上依赖于人们自身的体验和借助他人体验与智慧所进行的反省。我怀疑是否能建立起适用于每一个人的固定秩序或模式（柏拉图和罗斯是这样认为的），我相信，人类本性的任何方面都可能很接近，否则心理学就将成为不可能的了。然而对于有关人性的任何固定概念来说，它又显得是如此的不同，以至于不能详细地加以说明。即使我们提到过的所有观点都被发现是善的，至少在某种程序上得到了所有人的承认，它们的次序和排列也必然具有某种相对性——这是可能的，而且事实上也是这样，对某些人来说，善生活似乎包括和平与安全，而对另一些人来说，则是冒险和猎奇。尽管所有的善生活都应该、而且确实也包括了上述每一方面的成分。一个人必须为这种多样性留出较大的余地，如果不是在其善的表格中，至少是在他关于善生活的概念中。

我们还必须记住在讨论公正时所涉及的一个论点：即人的需要和能力不仅有所不同，而且是这样的一种不同——一个人的善生活可以像另一个人的善生活那样善，甚至那样的内在善。

正义至上

〔美国〕艾德勒

一个社会是否应该尽力达到一种人人都有，但程度上又有不同的条件平等？

自由主义者与平均主义者之所以走向极端，是由某些错误造成的。不纠正这些错误，持不同意见的极端主义者之间，并非自由与平等之间的矛盾就不能解决。要纠正这些错误，就必须认识到自由与平等都不是第一位的，认识到两者都是好事，但不是无限制的。同时还要认识到，只有在正义的支配下，两者才能和谐地扩展到最大限度。

一个人是否应具有无限制的行动自由或干事业的自由？或者说，是否应在不伤害他人、不剥夺他人自由、不使他人因不平等而产生严重的被剥夺感的情况下，拥有他所能使用的最大限度的自由呢？总之，一个人应不应该拥有比他所能够公正行使的更多的自由？

对这些问题的否定回答，使人认为一个人只应拥有正义所允许的最大限度的自由，不应超过。

一个社会是否应该尽力达到一种人人都有，但程度上又有不同的条件平等？这个社会应否无限制地扩大这种条件平等，即使那样会造成对个人自由的严重剥夺？一个社会应不应该忽略，人不论在天赋上还是在才能上都是既平等又不平等的？应不应该忽略，他们对社区福利的贡献不同的事实？

对这些问题的否定回答会使人感到，一个社会，应在正义所要求的限度内达到最大的平等。这个限度不能超越，超越了就是不正当的。正如不能超越正义所允许的自由那样，超越了，就是不正当地行使被允许的自由。

正义与自由和平等的关系是不同的。

关于自由，如果自由的行使是正当的而不是不正当的，那么，正义对它所允许的个人自由就是有限量的。

关于平等，如果社区能公正地对待其所有成员，那么，正义就会对其所要求的平等与不平等的类别和程度有所限制。

这样，当正义对自由与平等的追求起支配作用时，自由与平等就能在限定的范围内和谐地扩展到最大限度。自由主义者和平均主义者中那些错误的、极端主义的、无法解决的冲突就会消失，因为正义至上纠正了这些错误，解决了它们之间的矛盾。

亚当的意志

〔荷兰〕斯宾诺莎

现在如果我们发现了一个人，他的行为是和这种圆满性相容的，那么我们就认为他已丧失了真正的圆满性，他背叛了他的本性。

每个人都可以看到，如果我们立足于动物立场上看有些事物是值得赞美和喜爱的，但如果我们用人的眼光去看，对它则感到憎恨和厌恶，如蜜蜂的争斗、鸽子的嫉妒等等，这些事物在我们用人的眼光看时是可恶的，然而当我们立足于动物立场去考察，它们就显出较多的圆满。我们就能由此清楚推出：既然罪孽只是指不圆满性，所以罪孽就不能存在于任何表现本质的事物之中，正如不存在于亚当的决意或此决意的实行中一样。

而且，我们也不能说亚当的意志和神的意志是敌对的，或说亚当的意志由于触犯了神所以是恶的，因为这样就证明了神具有极大的不圆满性，某些事物可以违背神的意志而产生，神可以让它欲求某种它所不能获得的东西，它的本性像它的创造物那样被决定，使它对某些事物表示同情，而对另一些事物投以憎恨，而且这种说法也完全与神的意志背道而驰。因为神的意志既然并不是某种和神的理智不同的东西，所以任何事物违背神的意志就如同违背神的理智一样是不可能的，这就是说，任何违背神的意志的事物按其本性将必定是同神相违逆，正如方的圆一样。因而，既然亚当的意志或决意就其自身而言不是恶的，或确切地说，不是违背神的意志的，那么可以推知，神必定是亚当意志的原因，这并不在于亚当的意志是恶的这一点，亚当的意志之所以是恶的，无非只是缺乏一种更圆满的状态，这是由于他的行动而失去的。真的，这种缺乏并不是某种肯定的东西，但我们只是就人的理智才用这个名词，而不是就神的理智而言。可以这样来解释，因为我们是根据同一个界说表现同一种类的一切个体，例如表现一切具有人的外在形式的个体，所以我们认为，所有这些个体都能够具有从这个界说中我们可以推出的最高圆满性。现在如果我们发现了一个人，他的行为是和这种圆满性相容的，那么我们就认为他已丧失了真正的圆满性，他背叛了他的本性。但如果我们并没有把他归入这个界说内，没有把这样一种本性归属于他，那么我们就不会这样认为。但是，既然神既不抽象地设想事物，也不做这种一般的界说，而且除了神的理智和神的力量分给和实际授予事物的本质外，没有更多的本质属于事物，那么我们就可以明白地推出，我们只能就人的理智而言才说这种缺乏，而不是就神的理智而言。

危难中

〔美中〕爱因·兰德

在正常的生存情况中，人们必须选择自己的目标，筹划这些目标，并通过自己的努力来追求和达到它们。

区别危难情景中的行为规则和人类生存正常情况下的行为规则，是相当重要的。这并不意味着有双重道德标准：标准和基本原则是相同的，但它们运用于其中的情景需要精确的定义。

危难情况是无法选择、出乎意料的事件。这种情景中，人们的生存是不确定的——如水灾、地震、火灾、沉船等。在危难情况中，人们的基本目标是与灾难抗争，以逃避危险，恢复正常状态(到达陆地、扑灭大火等)。

"正常"是一种形而上的情况，指处于事件的自然状态，并与人类的存在相协调。人可以生活在陆地上，不能生活在水中或熊熊大火中。由于人并非全能，所以，他不可能预见灾难。在危难情况中，唯一的目标是恢复到人类能够继续

生存的常态中。而且，从本质上来说，危难情况是暂时的，假如一直是这种情况，人类将会毁灭。

只有在危难境遇中，人们才应该帮助陌生者，只要这是在他能力范围之内。例如，一位水手珍视生命价值，在遇到沉船事件时，他就应该帮助他的乘客。但是，这并不意味着在脱离了危险之后，他还要尽力帮助这些人摆脱贫困、无知、神经过敏或任何其他的麻烦。

再举一个例子。假如你发现隔壁邻居正在生病并且身无分文，虽然从形而上观点来看，疾病和贫困并非特殊的危险状况，但由于他暂时处于无助的状况，人们应该给他食物和药品，只要能够支付得起(这是一种善意，而不是义务)。也可以在周围邻居中募捐，以帮助他摆脱困境。但是，这并不意味着从此以后你一直要资助他。

在正常的生存情况中，人们必须选择自己的目标，筹划这些目标，并通过自己的努力来追求和达到它们。如果一个人太多地怜悯困境中的人们，以及为他们牺牲，他是不可能成功的。特殊的危难情况中的行为规则，不能用来指导他的日常生活。

帮助处于危难情景中的人们这一原则，不能引申为把所有遭受痛苦的人看成危难情况，不能首先保障这些不幸的人而牺牲其他人。

贫困、无知、疾病和其他类似的问题，并不是形而上意义的危难情况。根据人类及其存在的形而上意义，人们必须通过自己的努力生活。他所需要的价值(财富和知识等)是不会自然地被赋予的，它不是自然的馈赠，是必须通过自己的思考和工作来发现、达到的。在这一方面，人对他人的唯一义务是维护社会系统，以让他自由地去达到、获得和保持其价值。

第一辑　存在是一种境界

观念的领域

〔法国〕加缪

在这领域中，它又受到了限制，又充满了各种可能性。除了他的清晰外，他身上的一切对他似乎都变成不可预见的。

伦理说教是一定存在的。我常见道貌岸然之士为非作歹，我天天发现主见不需要规则。荒谬的人能接受的道德法典只有一个，那就是不和上帝分离的法典：被指定了的法典。但是碰巧他生存在上帝的领地之外。至于其他法典(我也指不道德主义)，荒谬的人见到的只是对的明证，而他无法证明对错。我的出发点就是他无辜的原则。

那种无辜是令人害怕的。"一切都是被允许的。"伊凡·卡拉马佐夫说。这也含有荒谬的成分，但是它不能就粗俗的意义来解释。我不知道人们是否曾经指出那不是一阵舒解或欢乐的迸发，而是对某事实一种痛苦的承认。上帝赋予生命某种意义的确然性，远超过不受惩罚而行恶的能力。做出抉择并不困难，但如果根本没有抉择，痛苦就会产生。荒谬并不解放，它束缚。它不授权一切行动。"一切都是被允许的"并不意味着没有任何事会被禁止。荒谬仅参照那些行动影响相等的事物。它不推荐罪行，因为这是幼稚的。但它把懊悔的无用还给它。同样地，如果所有的经验都是漠然的，那么责任的经验和其他的一样合法。人可能突发奇想地变得有德行。

所有的道德系统都基于这个观念：行动必然会产生使其合法或证明其不合法的后果。一颗荒谬的心只能判断我们必须以冷静的态度来考虑那些后果。它准备全部付清了。换句话说，可能有负责的人，但没有有罪的人——根据它的

说法。至多，这种心灵会同意使用过去的经验作为其未来行动的基础。时间会延长时间，生命会服侍生命。在这领域中，它又受到了限制，又充满了各种可能性，除了他的清晰外，他身上的一切对他似乎都变成不可预见的。那么，有什么规则会从那不可理解的秩序中产生呢？唯一可能教诲他的真理是非正式的：它走向生命，在人群中展开。荒谬的心灵在其推论终了时，不可能像期望实例和生命的呼吸一样地期望伦理的规则。

我是否需要坚持我的观念呢？因为例子不一定是值得遵循的（如果可能的话，在荒谬的世界中，它更不值得），而那些实证也并非模范，除了这需要某种才能的事实之外，人——随着他应得的分量——变得可笑了，当他从卢梭那儿获得结论，说人必须爬行；或从尼采那儿获得结论，说人必须虐待他的母亲。"荒谬是必要的。"一位现代作家说，"做呆子倒是不必要的。"我要处理的态度只有在考虑过它们的矛盾对立后，才会获得它们的全部意义。

智 者

〔英国〕休谟

<u>无论恋爱的快乐是何等销魂，它也不能消除同情与仁爱的宽厚情感。</u>

智慧的殿堂立在磐石之上，它高出一切争端的怒火，隔绝所有世俗的怨气，雷声滚滚，在它脚下轰鸣，对于那些狠毒残暴的人间凶器，它高不可及。贤哲呼吸着清新的空气，怀着欣慰而怜悯的心情，俯视着芸芸众生：这些充满谬见的人们，正盲目地探寻着人生的真正道路，为了真正的幸运而追求着财富、地位、名誉或权力。贤哲看到，大多数人在他们盲目推崇的愿望面前陷入了失望：有些人悲叹于曾经一度占有了的他们意欲的对象被多忌的命运夺走；所有的人

都在抱怨，即使他们的愿望得到满足或是他们骚乱的心灵的热望得到安慰，它们也终究不能给人带来幸福。

然而，这是不是说贤哲就总是保持着这种哲学的冷漠，满足于悲悼人类的苦难而从不使自己致力于解除他们的不幸呢？这是不是说他就永远滥用这种严肃的智慧，以清高自命，自以为超脱于人类的灾祸，事实上却冷酷麻木而对人类与社会的利益漠不关心呢？不，他懂得，在这种阴郁的冷漠中，既没有真正的智慧，也没有真正的幸福。对社会深沉的爱强烈地吸引着他，他无法压下这种那么美好、那么自然、那么善良的倾向。甚至当他沉浸于泪水之中，悲叹于他的同胞、友人和国家的苦难，无力挽救而只能用同情给予慰藉之时，他仍然豁达大度，胸襟宽广，超乎这种纵情悲苦而镇定如常。这种人道的情感是那么动人，它们照亮了每一张愁苦的脸庞，就像那照射在阴云与密雨之上的红日给它们染上了自然界中最辉煌的色彩一样。

但是，并非只有在这里，社会美德才显示它们的精神。无论你把它们与什么相混合，它们都能占据上风。正像悲哀困苦压制不住，同样，肉体的欢乐也掩盖不了。无论恋爱的快乐是何等销魂，它也不能消除同情与仁爱的宽厚情感。它们最重要的感染力正是源于这种仁慈的感情。而当那些享乐单独出现，只能使那不幸的心灵深感困倦无聊。请看这位快活的浪荡子弟，他宣称除了美酒佳肴，瞧不起其他一切享受。如果我们将他与同伴分开，就像趁一颗火星尚未投向大火之前将它与火焰分开，那么，他的敏捷快活会顿时消失。虽然各种山珍海味环绕四周，但是他会讨厌这种华美的筵席，而宁愿去从事最抽象的研读与思辨，并感到更为可心适意。

第二辑
为人际捕捉规则

我们像是诗篇里散佚的一行诗,永远感到它和其他诗行是押韵的,必须找到它们,否则就不能完成自己的使命。

——泰戈尔

错语者

〔英国〕阿·克·本森

和一个决心要把一切都说得有头有尾、一清二楚、点滴不漏的人谈话，会让你多么失望！

只有两种人是我所讨厌的，他们是：发表谬论和以自我为中心的人。少量的谬论倒没有什么，它们会引起小小的争论，起到刺激谈话的作用。但一大堆谬论就会令人讨厌了，它们变成一种包围心灵的篱笆，人们会感到十分失望，因为不知道他们到底在想些什么。谈话的魅力一半来自隐隐约约地窥探对方的思想，如果谈话的人老是在信口胡言，不断地说一些出乎意料的令人吃惊的话，这就让人讨厌了。在精彩的谈话当中，会突然出现一条林间小道，就像人们把木材从阿尔卑斯山的森林区运送到山谷去的林间小道，在那里，你可以看见一片狭长的绿色森林，上面洒满了闪烁的阳光，还有一个乌黑的山头。在最精彩的谈话中，人们可以突然发现一些高贵、可爱、庄严、朴素的东西。

另外一种十分令人讨厌的谈话是以自我为中心的人发表的谈话，他从不考虑他的听众，只是把心里想的全盘托出。这样的谈话，有时也可以从中听到一些有趣的故事。但像我所说的那样，精彩的谈话应该引起别人窥探对方心灵的兴趣，而不是被迫呆呆地看着它。我有一位朋友，更确切地说，一位老朋友，他说话时就像在心上打开一扇活动的天窗，你朝里边一看，只见黑黝黝地有些什么东西在流动着，也许是小河或下水道吧，它有时干净流畅，有时又像是堆满了垃圾和瓦砾，然而你却无从逃避，你得呆呆地站在那儿看着它，呼吸它发出的臭气，一直到他愿意把天窗关上为止。

许多诚挚、固执的人在谈话时都犯了错误，他们以为只要滔滔不绝地讲下

去就能引人入胜。谈话也和许多别的东西一样，半成品比成品好。喜欢谈话的人应该注意避免冗长。我们知道，和一个决心要把一切都说得有头有尾、一清二楚、点滴不漏的人谈话，会让你多么失望！在他高谈阔论的时候，你的心里会涌现出许多问题、许多不同的意见和观点，它们统统被一连串的谈话的激流冲掉了。这样谈话的人都有自满情绪，认为他们的消息准确完整，他们的结论完全正确。不过一个人在形成和坚持一种强有力的看法时，也应该认识到它毕竟只是看法之一，对方大概也会有不少的话要说。

无言中

〔法国〕安德烈·莫洛亚

动作比起语言较少使人惊恐，缄默可维护智力方面的纯洁。

经常地，同样一个秘密和危险的念头同时在两个交谈者脑中闪现。两个人都明白对方也有同样思想，但两人均不说明。于是，不合时宜的念头好像乐曲渐近，远去，消逝，音乐家始终不见露面。世上有言明的沉默。

没有沉默的对话不会产生任何成果，孕育之时是必需的。

高一等的女主人不会为沉默担忧。她不是要人们尽力避免它，而是欢迎沉默，使人们乐于接受它。

害怕表达爱情或嫉妒场面的女人要避免沉默的境况。精神可因此放松，时间长一点的停顿能不失和谐地改变气氛。

女人的被男人称做"闲扯篇"的东西，往往仅仅是出于腼腆、羞怯。

人们惧怕沉默，好像惧怕孤独。这种惧怕的根源，在于对这位先生或那位哲人使人们窥视到的生命之虚无的恐惧：

当她的客厅空下来时，她突然间窥见了死亡。（拉克雷泰尔）

舒曼曾与一女人泛舟漫游，两小时内一语未发，分手时对她说："我们今天相互理解得多么好啊！"

一个年轻人可以在整个晚会上保持缄默而不致显得不当，只要他曾说出的一句话文采洋溢、细腻有致。

巴雷斯曾说："在我自觉无力表现出才智隽永的晚会上，我就装作不厌其烦。"

爱情上的大胆果敢应付诸行动而不应停留在口头。动作比起语言较少使人惊恐，缄默可维护智力方面的纯洁。

当两个沉默的人在黑暗中同行了一段路程之后，突然，两人怀着同样的思想同时肩并肩走出黑暗，说出同样一句话，这是多么美妙的时刻啊！因此，强烈的节奏有时对听众来讲如同静静地奏出一个长长的休止符，而极度的快乐则来自于想象中乐曲的突然再起与乐队的同时出现。

目的地

〔美国〕弗洛姆

它消失得这样遥远，以致我们甚至不能想象它的存在了。

人生的最大愉快就是充分发挥我们的能量，不是为了达到什么目的，而仅仅是为了活动本身。拿爱情作个例子。爱情是无目的的，尽管许多人会说：爱情肯定是有目的的！他们说，是爱情满足我们性的需求、结婚、生儿育女、过正常的生活。这就是爱情的目的。而这也是没有目的的爱情，只看重爱的行为本身的爱情近来为什么这样罕见的原因。在这一类爱情中，是存在而不是毁灭起着主要作用。它是人的自我表现，是人的能力的充分发挥。但在我们这样的文化中，在这样一种由成功、生产、消费等外在目的决定一切的文化中，我们

很难看到这类爱情了。它消失得这样遥远，以致我们甚至不能想象它的存在。

谈话已经成为一种商品或一种战斗的方式。如果谈话战斗是在大批观众面前进行，那就形成了一种辩论比赛。参加者互相下毒手，都想将对手置于死地。有的人谈话仅仅是为了显示他是多么聪明、超群出众。还有的人是为了证明他自己又一次正确了。谈话确是他们证明自己正确的一种方式。他们进行谈话时决心不接受任何新思想。他们有自己的观点，每个人都知道对方将说些什么，他们所显示的是谁都不能动摇对方的立场。

真正的谈话不是战斗而是交流。谁是谁非的问题完全是无所谓的。甚至谈话者所说的话是否有深意和令人信服，也没有关系。有关系的是他们所说的话的真实性。让我给你举一个小例子来说明我的意思。假如我的两个精神分析学的同事一起走在回家的路上，其中一个说："我有点累。"另一个答道："我也是。"这种交谈听起来像是很平庸的交流。但实质上不一定平庸，因为这两个人做同样的工作，他们了解对方的累。他们是在进行真实的有人性的交流："我俩都累了，我们都让对方了解到我们是怎样的累。"这样的谈话要比两个知识分子用庄严的词句滔滔不绝地讨论关于某种最新理论的谈论更像是谈话。因为他们只是分别地进行独白，彼此完全不触及。

谈话的艺术和谈话的乐趣（开诚布公的和谐的谈话，通常采取语言的形式，但也能采取舞蹈的运动形式。）——这些将再度成为可能，但是只有在我们的文化发生了重大变化，即只有当我们自己从偏执狂中，从受目的支配的生活方式中解脱出来的时候。我们需要培养这样的态度，即把对人类潜力的充分认识和表现看做唯一值得追求的生活目标。

幽 默

〔奥地利〕康罗·洛伦兹

我坚信富有足够幽默感的人较不会落到自我幻象的陷阱中，因为一旦掉进去，他就禁不住会察觉出自己是一个多么浮夸的笨人。

有一种特殊敌人，如果说他值得我们爆笑式的攻击，那是绝对的谎言。世界上几乎再没有其他事比下述行为更令人鄙夷而且急于将它立即消灭：故意捏造一些理想目标，以便引诱人们的热情去实现阴谋者的目的。幽默是最佳的测谎计，它用朴实的察觉力，发现虚设理想的金玉外表和伪装热心的虚情假意。世界上再也没有比突然撕去虚伪假面具的事更令人忍俊不禁的了。当外表的浮夸突然被揭穿时，当充满傲气的气球突然被刺破而爆出大声回响时，我们可以因突然解除紧张状态而纵情大笑。但这种完全无法控制地把本能的运动模式释放出来的例子非常少。

负责任的道德不仅赞许幽默的效果，而且还替它找了强力的支持者。所谓讽刺，根据《简明牛津字典》的定义，是一种指责流行的恶行和愚蠢的诗文。其说服力在于它诉诸的方式，它使得因怀疑和诡辩而对任何正确的道德教诲充耳不闻的人能听到它的声音。换句话说，讽刺就是适于今日的教训。

假如幽默对于荒诞的理想而言，就像是理性道德的有力联盟，那么，它对于自我嘲讽就更是如此了。今天，我们无法容忍浮夸或伪善的人，因为我们希望每个有知识的人都有些许的自我嘲讽精神。的确，我们感到一个绝对严肃待己的人是不具人性的，这种感觉以坚实的根基为依据。这种被德国人称之为"动物的严肃性"的特色就是目前自大妄想者的特点，事实上，我怀疑那是原因之一。人类最好的定义该是：他是能反省的创造物，能在有关的宇宙环境中看

清自己。骄傲是阻止我们见到真我的主要障碍。而自欺则是骄傲的忠实仆人，我坚信富有足够幽默感的人较不会落到自我幻象的陷阱中，因为一旦掉进，他就禁不住会察觉出自己是一个多么浮夸的笨人。我相信假如我们对自己的幽默局面有真正敏锐的领悟力，那么这些敏锐的观念必定是最能够使我们诚实待己，而且是让我们实现理性道德的重要诱因。幽默与道德有令人惊异的相似之处：两者都阻止了逻辑上的不协调与一致。与理智作对不但不道德，而且很滑稽。因为那常成为极端的荒谬！"你不可以欺骗自己"应该是所有戒律中的第一条。你越能服从理性，你也就越能诚实待人。

穿衣打扮

〔德国〕康德

<u>为不错的事物辅之以更能表现其美的因素，才称之为衬托。</u>

对自我的留意在要和人打交道的时候虽然是必要的，但在交往中却不应显露出来，因为那样会产生难堪 (或窘迫)，或者是装腔作势 (矫揉做作)。与这两者相反的是洒脱大方：对于自己在举止得体方面、在衣着方面不会被别人指责的某种自信。

好的、端庄的、举止得体的衣着是一种引起别人敬重的外部假象。也是一种欲望的自我压抑。

衬托 (对比) 是把不相关的感官表象在同一概念之下加以引人注意的对置。沙漠之中的一块精耕细作的土地仅仅由于对比而衬托了它的表象，一间茅草盖顶的房子配上内部装饰考究的舒适房间，这都使人的观念活跃，感官由此加强。反之，穷困而盛气凌人，一位珠光宝气的盛装女士内衣却很脏，或者像从前某

个波兰贵族那样,宴饮时挥霍无度,侍从成群,却穿着树皮鞋,这些都不是衬托。为不错的事物辅之以更能表现其美的因素,才称之为衬托。美的、质优的、款式新颖的服装是人的衬托。

新颖,甚至那种怪诞和内容诡秘的新颖,都使注意力变得活跃。因为这是一种收获,感性表象由此获得了加强。单调 (诸感觉完全一模一样) 最终使感觉松弛 (对周围环境注意力的疲惫),而感官则被削弱。变化则使感官更新。例如一篇用同一腔调诵读的布道词。无论是大声喊叫的还是温言细语的,用千篇一律的声音来诵读,都会使全教区的人打起瞌睡来。工作加休息,城市生活加乡村生活,在交往中谈话加游戏,在独自消遣时一会读历史,一会读诗歌,搞哲学又搞数学,在不同社交场合穿着不同的服饰,这都使心灵得到加强。这是同一生命力在激动感觉的意识,不同的感觉器官在它们的活动中相互更替。生活单调无色彩,对懒惰的人来说,留下了空虚 (疲惫),使人生没有味道。

衣服的颜色衬托得面部更好看,这是幻象,但脂粉却是欺骗。前者吸引人,后者则愚弄人。于是有这样的情况:人们几乎不能忍受在人或动物的雕像上画上自然的颜色,因为他们每一瞥都受骗,以为这些雕像是活的,常常就这样猝然撞入他们的眼帘。一般来说,所有人们称之为得体的东西都是形式,即仅仅是漂亮的外表。

衣服的用处

〔美国〕亨利·梭罗

因为人们关心的并不是真正应该敬重的东西,只是那些受人尊敬的东西。

我们采购衣服,常常被爱好新奇的心理所引导,并且关心别人对它的意见,而不大考虑这些衣服的真实用处。让那些有工作做的人记着穿衣服的目标:

第一是保持正常的体温，第二是在目前的社会中把赤身裸体遮盖；现在，他可以判断一下，有多少必需的重要工作可以完成，而不必在衣橱中增添什么衣服。国王和王后的每件衣服都只穿一次，虽然有御用裁缝专司其事，他们却不了解穿上合身衣服的愉快。他们不过是挂干净衣服的木架。而我们的衣服，却一天天地被我们同化了，印上了穿衣人的性格，直到我们舍不得把它们丢掉，要丢掉它们，正如抛弃我们的躯体那样，总不免感到恋恋不舍，要看病吃药做些补救，而且带着十分沉重的心情。

其实没有人穿了有补丁的衣服会在我的眼里降低身份。但我很明白，一般人心里，为了衣服忧思真多，衣服要穿得入时，至少也要清洁，而且不能有补丁，至于自己有无健全的良心，从不在乎。其实，即使衣服破了不补，所暴露的最大缺点也不过是不考虑小洞会变成大洞。有时我用这样的方法来测验我的朋友们——谁肯把膝盖以上有补丁的，或者只是多了两条缝的衣服，穿到身上？大多数人都好像认为，如果他们这样做了，从此就毁了终身。宁可跛了一条腿进城，他们也不肯穿着破裤子去。一位绅士有腿伤，是很平常的事，这是有办法补救的；如果裤脚管破了，却无法补救；因为人们关心的并不是真正应该敬重的东西，只是那些受人尊敬的东西。我们认识的人很少，我们认识的衣服和裤子却颇多。你给稻草人穿上你最后一件衣服，你自己不穿衣服站在旁边，哪一个经过的人不马上就向稻草人致敬呢？那天，我经过一片玉米田，就在那头戴帽子、身穿上衣的木桩旁边，我认出了农田主人。他比我上一回看见他，只不过风吹雨打更显得憔悴了一些。我听说过，一条狗向所有穿了衣服到它主人的地方来的人吠叫，却很容易被一个裸体的窃贼制服，一声不响。这是一个多有趣的问题啊，如果没有了衣服，人们将能多大限度地保持他们的身份？如果没有了衣服，你能不能在任何一群文明人中间，肯定地指出哪个最尊贵？

饮 酒

〔德国〕康德

喝酒放松舌头，但它也打开心扉。它是一种道德性质即真诚的物质载体。

在酒宴上无节制地喝到神志不清，由于这种无节制而踉踉跄跄，至少是步履不稳或一味唠叨地走出来，这不但在与他一起聚会的朋友眼中，而且甚至从自尊方面来看都是男人的坏习气。但对这种失误也有许多温和的评价，比如说自我控制的界线是很容易被忽视和跨越的。

醉酒所产生的无所顾忌，甚至随之而来的不谨慎，是一种虚假的生命力加强感觉。醉酒的人感受不到生命力的阻碍，而这种阻碍的制约力是与人的本性不可分割的（甚至健康也有赖于此）。他在他的软弱状态中自觉很愉快，因为他身上的自然本性实际上努力通过他各种能力的逐渐增长，使他的生命一步一步重新产生出来。妇女、教士和犹太人通常不喝酒，至少是小心地避免酒所带来的一切现象。因为他们在公民性上是软弱的，而且不得不有所克制。这是由于他们的外在价值仅仅建立在别人对他们的贞洁、虔诚和原则性的信任之上。他们不得不谨慎，醉酒对他们来说是一种丑闻。

喝酒放松舌头，但它也打开心扉，它是一种道德性质即真诚的物质载体。克制和克制思想对于高尚的心灵是一种压抑的状态，而一个兴致勃勃地喝酒的人也很难忍受人家在酒宴上的过分拘谨，因为他觉得有观察者在专注于别人的缺点，却保持自身的矜持，这让人不自在。允许男人由于社交的复兴暂时稍稍超出清醒的界线之外，这是亲切感的条件。从前曾流行一种策略，那些北欧的宫廷派出很能喝酒的使节，自己喝不醉，却把别人灌醉，以便套对方的话或是说服对方，这是很狡狯的。

对长期处在酒精浸泡中的人来说，酒无疑是一种摧残生命力的毒品。这些

人在陶醉中自娱自乐、逃离现实世界、处在盲目的幻想状态中，而酒对其肝胃等内脏器官也是一种伤害。长期大量饮酒的人，易出现神智不清，目光涣散，舌根发硬等不灵活的状态。

在一个人的血管里奔流的体液之中，有一种新的液体混合进来了，这是对神经的新刺激，它不是更清楚地揭示出人的自然气质，而是带入了某种别的气质。因此，那些喝醉了的人，有的会陷入迷恋，有的会对别人自吹自擂，有的吵吵闹闹，有的表现得心地慈善，态度虔诚，甚至于默默发呆。但当他们醒过酒来时，或者当别人向他们提到昨日的醉话时，他们就会为那种奇怪情调或感官上的变态发笑。

绅　士

〔英国〕理查德·斯蒂尔

如果他想做好一件事情，他就必须坚定地、迅速地去完成，而不愿做的则坚决不干，还应该婉言劝别人也不要去干。

一位绅士从乡下给我写过一封很有礼貌的信，谈了些激发我虚荣心的事——我必须使用武力才能压住这种虚荣。他向我诉苦说，我的讲述中的许多用语需要解释，并希望为了乡村读者的方便，应该使他们了解这些用语的本意是什么：比如绅士、漂亮人物、名人、献殷勤者、评论家、才子，以及许多花花世界里的称呼，这些人都具有哪几种性格。此外，还应该描述一下那种装腔作势的神态。现在我就从我们通常所谓的"绅士"或"有品行的人"谈起。

一般人以为爱幻想、乐天和种种快乐的性格，是形成这种人的特征的要素。但是，凡是合群的人都会观察到：良好教养的顶点与其说表现在不与人争，不如说表现在热心助人。所以，一个并无惊人之处的人——尽管他不是一个有趣的人——往往比那种经常妙趣横生而有时又令你不快的人更容易赢得你的好感。

因此，在有品行的人中，最必要的才能——我们通常希望一位优秀的绅士应该具有的才能——就是良好的判断力。具有这种良好判断力的人，可以算是他伙伴中的指挥者，纵使他未曾觉察这一点。而且，他的确也独具一种优势，有超越别人的能力，正如视力健全者的能力可能比盲人高几十倍。

正是因为有良好的判断力，使塞弗罗尼亚斯人缘极好。在城里的熟人中间，他是最有权威的一个。由于他才华横溢，在欢乐的人群中，他举止从容自如；但在办事人中间，他又显得技能娴熟、十分敏捷。正如有些人在生活中由于明辨是非而取得成功那样，他做成一切事情从不靠险诈，或者说不会显露出险诈。如果他想做好一件事情，他就坚定地、迅速地去完成，而不愿做的则坚决不干，还婉言劝别人也不要去干。他的判断如此老练而准确，还带着一种愉快的精神。他的言行，使人感觉像是一次宴会。他在宴会上以平等待人的态度尊敬别人，也让别人尊敬自己。总之，人人都相互敬重，因为，对一个有优越才能的人来说，懂得平等待人，是最伟大、最正直的品质。这种人人喜爱的品质，可以说充满了塞弗罗尼亚斯的全身。因此，连他的同伴都能因他博得女人的青睐，却不被别的男人妒嫉。即使没有法律，塞弗罗尼亚斯仍同样公正；即使没有诽谤，他也会谨慎行事。

君 子

〔英国〕亨利·纽曼

他目光远大、深思熟虑，每每以古人的格言作为自己的行动准则，即我们对待仇人，应以异日争取其做友人为目标。

真正的君子在与周围的关系上避免产生任何龃龉与冲突——诸如一切意见的冲撞、感情的纠结、一切拘束、猜忌、悒郁、愤懑等等。他最关心的是使人

人心情舒畅、自由自在。他的心总是关注着全体人们：对于腼腆的，他便温柔些；对于隔膜的，他便和气些；对于荒唐的，他便宽容些；他对正在和自己谈话的人的脾气，能时刻不忘；他对那些不合时宜的事情或话题都能尽量留心，以防刺伤对方；另外在交谈时既不突出自己，也不令人厌烦。当他施惠于他人时，他尽量将这类事做得平淡，仿佛他自己是个受者而非施者。从不提起自己，除非万不得已；他绝不靠反唇相讥来维护自己；他把一切诽谤流言都不放在心上；他对一切有损于自己的人从不轻易怪罪，另外对各种行为言论也总是尽量善为解释。与人辩论时他丝毫也不鄙吝褊狭，既从不无理地强占上风，也不把个人意气与尖刻词句当成论据，或在不敢明言时恶毒暗示。

　　他目光远大、深思熟虑，每每以古人的格言作为自己的行动准则，即我们对待仇人，应以异日争取其做友人为目标。他深明大义，故不以受辱为意；他志行高洁，故不对毁谤置念；他尽有他事可做，故无暇对人怀抱敌意。他耐心隐忍、逆来顺受，而这样做又都以一定的哲理为根据；他甘愿吃苦，因为痛苦不可避免；他甘愿孤独，因为这事无可挽回；他甘愿死亡，因为这是他的必然命运。如果他与人涉入任何问题之争，他那训练有素的头脑总不致使他出现一些聪明但缺乏教养的人所常犯的那种冒失无礼的错误：这类人仿佛一把钝刀，只知乱砍一通，但却不中肯綮，他们往往把辩论的要点弄错，把气力虚抛在一些琐事上面，或者对自己的对手并不理解，因而把问题弄得更加复杂。至于君子的看法正确与否，倒似乎无关宏旨，但由于他的头脑极为清醒，所以能避免不公。在他身上，我们充分见到了气势、淳朴、斩截简练；在他身上，真挚、坦率、周到、宽容得到了最充分的体现；他对自己对手的心情最能体贴入微，对他的短处也能善加护卫。他对人类的理性不仅能识其长，而且能识其短，既知它的领域范围，又知它的不足。

集体性人物

〔德国〕歌德

<u>我不应将我的作品全归功于自己的智慧，还应归功于向我提供素材的成千成万的事情和人物。</u>

事实上我们全都是些集体性人物，不管我们愿意把自己摆在什么地位。严格地说，我们自己所持有的东西是微乎其微的，就像我们个人是微乎其微的一样。我们全都要从前辈和同辈那里学习到一些东西。就连最伟大的天才，如果想单凭他所特有的内在自我去对付一切，他也决不会有多大成就。可是有许多本来很高明的人却不懂这个道理。他们醉心于独创性，在昏暗中摸索，虚度了半生光阴。我认识过一些艺术家，都自夸没有依傍什么名师，一切都要归功于自己的天才。这班人真蠢！好像世间竟有这种可能似的！好像他们不是在每走一步时都由世界推动着他们，而且尽管他们愚蠢，还是把他们造就成了这样或那样的人物！对，我敢说，这样的艺术家如果巡视这间房子的墙壁，浏览一下我在墙壁上挂的那些大画家的素描，只要他真有一点天才，他离开这间房子时就必然已成了另一个人，一个较高明的人。

一般说来，我们身上有什么真正的好东西呢？无非是一种要把外界资源吸收进来，让它为自己的高尚目的服务的能力和志愿。我可以谈谈自己，尽量谦虚地把自己的体会说出来。在我漫长的一生中我确实做了很多工作，获得了让我自豪的成就。但是说句老实话，有什么真正要归功于我自己的呢？我只不过有一种能力和志愿，去看去听，去区分和选择，用自己的心智灌注生命于所见所闻，然后以适当的技巧将它再现出来，如此而已。我不应将我的作品全归功于自己的智慧，还应归功于向我提供素材的成千成万的事情和人物。我所接触的人之中有蠢人也有聪明人，有胸怀开朗的人也有心地狭隘的人，有儿童，有青年，

也有成年人，他们都把他们的情感和思想、生活方式和工作方式以及所积累的经验告诉了我。我要做的事，不过是伸手去收割旁人替我播种的庄稼而已。

如果追问某人的某种成就是得力于他自己还是得力于旁人，他是全凭自己工作还是利用旁人工作，这实在是个愚蠢的问题。关键在于要有坚强的意志、卓越的能力以及坚持要达到目的的恒心，此外都是细节。

报 复

〔英国〕培根

<u>一个念念不忘旧仇的人，他的伤口将永远难以愈合。尽管那本来是可以痊愈的。</u>

报复是一种私人的执法。犹如野生的蔓草，人的天性越是自然地趋向于它，法律和文明就越是应当剪除它。如果说，一件罪行触犯了法律，那么，私下报复就是完全否定了法律。

其实，报复的目的无非是为了同冒犯你的人扯平。然而如果有度量宽容别人的冒犯，就会使你高于冒犯者。这种大度容人是君王的气概，据说所罗门曾说："不报宿怨是人的光荣。"过去的事情毕竟过去了，是不能挽回的。智者总是着眼于现在和未来，念念不忘旧怨只能使人枉费心力。何况为作恶而作恶的人是没有的，作恶无非是为了利己罢了。既然如此，又何必为别人爱自身超过爱我们而发怒呢？即使有人作恶是因为他生性险恶，这种人也不过像荆棘而已。荆棘刺人是因为它的本性如此啊！

假如由于法律无法追究一件罪行，而自行报复，那或许还可宽恕。但这也要注意，你的报复要不违法并能免除惩罚才好。否则你将使你的仇人占两次便宜：第一次是他冒犯你时，第二次是你因报复他而被惩处时。

有的人只采用光明正大的方式报复敌人，这是可佩的。因为报复的动机不仅是为了让对方受苦，更是为了让他悔罪。但有些卑怯恶劣的懦夫却专搞阴谋诡计来报复，他们以暗箭伤人，不让人弄清箭从何处来。

对那种忘恩负义的朋友的报复，似乎是最有理由的。佛罗伦萨大公说："《圣经》曾经教导我宽恕仇敌，但却从来没有教导我宽恕背义的朋友。"但是约伯的格调就高一些，他说过："难道我们只向上帝索取好的而不要坏的吗？"关于朋友，不也可以这样问吗？

一个念念不忘旧仇的人，他的伤口将永远难以愈合，尽管那本来是可以痊愈的。

只有为国家公益而行的复仇才是正义的。例如为凯撒被刺，为波克那克斯和亨利三世之死去复仇。而为私仇斤斤图报却是可耻的。念念不忘宿怨并积心图谋报复的人，所度过的将是一种妖巫般的阴暗生活。他们为此活着时有害于人，为此而死时也是不利于己的。

责任感

〔美国〕弗洛姆

上帝对约拿解释，爱的本质是要为某种东西付出"劳动"以及"使某种东西成长"。

爱包含了关心，最明显的表现是母亲对孩子的爱。如果我们看到母亲对婴儿漠不关心，如果她忘记给婴儿喂奶、擦洗，如果她不给婴儿以身体上的温暖，那么她的爱决不会使我们相信是忠实的。如果她关心孩子，那么她给我们的印象是她爱孩子。甚至对飞禽走兽、花卉草木的爱又何尝不是这样？如果一个女人告诉我们她爱花，同时我们又发现她忘记给花浇水，那么我们不会相信她是

"爱"花的。爱就是对我们所爱的对象的生命和成长主动的关心。哪里缺少主动的关心，哪里就没有爱。在《圣经》关于约拿的神话故事中就生动地描述了这种爱的因素。上帝告诉约拿到尼尼微都城去告诫那里的居民，如果他们不修善补过，他们会受到惩罚。约拿逃避他的使命，因为他害怕那里的人忏悔罪过，也害怕上帝赦免他们。约拿这个人有着很强烈的治安感，但是没有半点爱。因为逃避使命，他使自己处于鱼腹中，这象征着缺乏爱和同情心给他带来的孤独和囚禁的状态。上帝救了约拿，于是约拿到尼尼微去了。他按照上帝的意旨告诫那里的居民修善补过，这正是约拿所害怕的事情，可是它们恰恰发生了：尼尼微人忏悔自己的罪孽、修善补过，上帝赦免了他们，并决定不毁灭尼尼微这座城市。约拿十分气愤，极度失望。他所希望的是对那里的居民公正地绳之以法，而不是对他们给予同情。后来，他来到树荫下歇脚，感到相当舒服，这是一棵上帝为约拿遮挡太阳而设的树。可是当上帝将这棵树弄得快枯死的时候，约拿感到灰心丧气，非常扫兴，向上帝抱怨不休。上帝回答说："你怜悯这棵树，而你对它没有付出劳动，也没有使它茁壮成长。它在一个晚上萌芽，又在另一个晚上毁灭。尼尼微这座城市有12万人之多，他们连左右手都分不清，还有很多牲畜，难道我不应该赦免这座偌大的城市吗？"上帝对约拿的答复，应该从象征的角度来理解。上帝对约拿解释，爱的本质是要为某种东西付出"劳动"以及"使某种东西成长"。爱和劳动是分不开的，人往往爱那种他乐于为之付出劳动的东西，同时他乐于为他所爱的东西付出劳动。

关心和关怀暗示了爱的另一方面的因素，那就是责任感方面的因素。今天的责任感常常指的是职责、即外界强加于人的某种东西。然而，责任感，在它的本质意义上，是一种完全自愿的行动。它是我们对另一个人直接或间接的需要做出的反应。"负责"意味着能够或乐于"做出反应"。

细 芽

〔俄国〕列夫·托尔斯泰

<u>为了让所有人永远生活得幸福愉快，他愿献出自己、自己的生命。</u>

爱就是生命本身。但是这个生命不是没有理智的、充满痛苦的、必将死亡的生命，而是幸福无限的生命。我们所有的人早就知道这一点。爱不是理智的结论，不是某种活动的结果，而是生命的愉快活动本身，它就在我们身边，我们大家从可以回忆起来的童年开始就知道这一点，一直到世界上的虚伪学说搞乱了我们的心灵，夺去了我们体验它的可能性。

爱不是对能增加人的肉体的短暂幸福的东西的偏爱，例如对挑选出来的某些人和事物的爱，而是对人之外的幸福的追求，它在人抛弃了动物性躯体的幸福之后仍留在人的心间。

活着的人中间有谁没有体会过这种幸福的感情呢？至少总会有一次，尤其是在童年，当他的心灵还没有被虚伪搅混，生命还没有被虚伪淹没的时候，在这种情感中，人想去爱一切人：他的亲人、父亲、母亲、兄弟、凶恶的人、敌人，甚至狗、马、小草。人只有一个愿望——让所有人生活得好，让所有人幸福。而且他更想亲自去做，让所有人生活得好，而为了让所有人永远生活得幸福愉快，他愿献出自己、自己的生命。这就是爱，也只有这才是爱，人的生命就在于此。

这种包容着生命的爱，出现在人的心灵里，就像一株不显眼的嫩芽出现在与其相似的一大堆杂草的粗芽中一样，人们总是把各种性欲的杂草叫做爱。最初，人们自己会觉得这个细芽将来可能成为大树，树上将会落满小鸟，同所有别的芽苗完全一样。人们甚至还会更加偏爱那些长得快的杂草的芽苗，却让生

命的唯一细芽枯死；然而更经常地发生的是更坏的情形：人们发现这一片芽苗之中有一棵真正的最有生命力的叫做爱的细芽，他们踩死它，开始培育另外的杂苗，并称杂苗为爱。还有比这更糟的：人们用粗鲁的手拔起这棵真正的细芽，高喊："噢，它在这儿！我们找到它了，我们现在知道它了，我们要使它长大。爱！爱！多么高尚的情感，瞧，它就在这里！"于是人们栽种它，改良它，占有它，揉搓它，以至于细芽还没有长到开花时就死掉了。于是有人说：所有这些都是胡扯、荒诞、都是无聊的感伤。爱的嫩芽，在刚刚出现时是细弱的，是经不起摸碰的，只有长起来的时候，它才强大无比。上面说的那些人所做的一切只能使它遭殃。爱的细芽所需要的只有一样，那就是不要挡住理智的阳光对它的照射，理智的阳光是唯一使它成长的东西。

兄弟之爱

〔英国〕劳伦斯

只要我们理解了，就能在这两种运动中很好地得到平衡。既是单独的个体，又是与大众协调的人类一分子。

基督的爱是兄弟般的爱，它永远是神圣的。我像爱自己一样爱自己的邻居。然后怎么样呢？我扩大了，超越了自我，汇入了整个人类。在完美的人类整体中，我也成了整体，成了一个小宇宙，成了大宇宙的缩影。这儿，我指的是人的完美性。人可以在爱中获得完美，成为爱的产物。然后，人类将是一个爱的整体。对那些像爱自己一样爱邻居的人来说，这无疑是一个完美的未来。

可悲的是，无论我在多大程度上是个小宇宙、兄弟般爱的典范，却总有一种分离成宝石般独立自我的需求、渴望从万物中分离出来，像狮子一样骄傲，像星星一般独立。由于得不到满足，这种渴求就越发灼热，以致占据了整颗心。

接下去，我就会憎恨现在的我，憎恨我所变成的小宇宙，这人类社会的缩影。我越是坚持怀有兄弟般爱心的现有的我，就越憎恨自己。不过，我还会继续向往整个可爱的人类，直到追求独立的、未满足的激情驱使我采取行动。尔后，我会像恨自己一样恨自己的邻居。再接下去，悲剧就会降临到我和邻居身上！上帝在要击毁什么之前总是先让他发疯。因此，我们会失去理智，违背我们坚持的自我，下意识地采取行动，而同时又保持这可憎的自我。我们变得茫然，不知如何是好。我们打着兄弟爱的旗号，匆匆地闯入了盲目的兄弟恨。两重性被分隔了，我们也因此而失去理智。神想毁掉我们，因为我们对他太殷勤。自由、平等、博爱，这是兄弟爱的结束。但如果我不能从博爱和平等中解脱出来，自由又从何谈起？我想要自由，就必须获得解脱，真正做到独立和不平等。博爱与平等是专制中的专制。

　　这世上应该有兄弟般的爱——这人类的整体，但同时也应该有完全分离出来的个性，如狮子和雄鹰一般独立不羁的个体。应该是两者兼而有之。生命的历程就在这两重性里。人必须步调一致地行动，创造世界——这是最大的幸福；但人也必须单独行动，不受旁人的影响，单独而骄傲地行动，自己对后果负责。这两种运动是相对的，却不是互相否定的。人都有理解力，只要我们理解了，就能在这两种运动中很好地得到平衡，既是单独的个体，又是与大众协调的人类一分子。这样的话，完美的玫瑰就会超越我们。这世上的玫瑰还从未开放过。一旦我们理解了对方，根据肉体和精神的需求，自由自在、无忧无虑地从两个方向开始生活的历程，这玫瑰就必定会常开不败。

真 爱

〔印度〕克利希那穆尔提

你不能说"我爱整个世界",但是当你知道怎样去爱别人时,你就知道怎样去爱整个世界。

当你不尊重他人,不管他是你的雇员,还是你的朋友,就不会有爱。难道你没有注意到你对你的雇员、对那些所谓比你地位低的人不尊重、不友好、不宽宏的情况大量存在吗?你尊重那些高于你的人,尊重你的老板,尊重百万富翁,尊重住着别墅和有爵位的人,尊重那些能给你一个好职位、好工作的人,从他们那儿你能得到些东西。但你粗暴而轻率地对待那些比你地位低的人,对他们,你有一种特殊的语言。因此,哪里没有尊重,哪里就没有爱;哪里没有怜悯,没有同情,没有宽恕,哪里就没有爱。而由于我们大多数人都处于这种状态,所以我们没有爱。我们既没有尊重,也没有怜悯,更没有宽宏大量。我们拥有着、充满着伤感和激情,它们能被反过来用于两方面:去屠杀、去宰割,或者与愚昧、无知的意图结成一体。因此,怎么可能有爱呢?

只有当所有这些都结束了,只有当你不再占有,当你不会单单对献身于某一客体而激动时,你就能知道爱了。那种奉献是一种哀求,是以一种不同的方式在寻求。一个祈祷的人是不会知道爱的。因为你拥有,因为你通过奉献、通过祈祷而寻求一种结束、一种结果,而这些又使你多愁善感、易动感情,所以就不存在爱。

当精神的事情不再充塞你的内心,那时就有爱,而且只有爱——而不是体系、不是理论,无论是激进的、还是保守的——才能改革现在世界上的疯狂和精神病。只有当你不占有、不妒忌、不贪婪;只有当你能尊重人、有怜悯心和同情心；只有当你为你的妻子、你的孩子、你的邻居、你的不幸的雇员考虑时，你才真的爱了。

爱不能被思考，爱不能被栽培，爱不能被练习。爱的练习，兄弟的手足关系仍然是在精神的领域里，因此它不是爱。当所有这些都停止时，爱才会出现，你将会知道什么是爱。那时，爱不是数量上的，而是质量上的。你不能说"我爱整个世界"，但是当你知道怎样去爱别人时，你就知道怎样去爱整个世界。因为如果我们不知道怎样去爱别人，那么我们的人性之爱就是虚构的。当你爱时，既没有一个，也没有许多：只有爱。只有当存在爱时，我们所有的问题才能被解决，而那时，我们将知道爱的极乐和幸福。

爱的使命

〔俄国〕列夫·托尔斯泰

动物性躯体为了自己的目的而想利用人，而爱的感情却引导他为了别人的利益献出自己的生命。

那种被称做关于幸福的学说，即真理的学说向人们揭示：代替人们为动物性肉体目的所追求的虚假幸福，人们可以不是在某时某地，而是在现在就能获得永久的幸福，它是人们不可剥夺的、现实的幸福，是他们能达到的幸福。

这种幸福不是推理的产物，不是要在某地寻找的东西，不是在某时某地才具有实现希望的幸福。它是人们最熟知的幸福，是每一个没有腐化的灵魂都在向往着的幸福。

所有人，从童年时代就知道，在动物性躯体的幸福之外，还有一种最好的生命的幸福，它完全不依靠动物性躯体的肉欲满足，恰恰相反，它越是远离动物性躯体的幸福，它就越强大。

这种感情，这种解决了人类生命所有矛盾的、并给人以最大幸福的感情，是人人都知道的。这种感情就是爱。

生命是服从于理智规律的动物性躯体的活动，理智就是动物性躯体为了自己的幸福所应当服从的规律，而爱是人类唯一有价值的理性活动。

动物性躯体向往幸福，理性向它指出动物性躯体幸福的欺骗性，并指出另一条幸福道路，在这条路上的活动就是爱。

动物性躯体渴望着幸福，而理性意识告诫人们所有相互争斗着的生存物所陷入的深深痛苦，告诫人们，人的动物性躯体的幸福不可能存在，告诫人们所能实现的应是这样的唯一幸福，其中不存在任何同别的存在物的斗争。既不能中断这种幸福，也不会对它感到厌倦，这种幸福决无死亡的预兆和恐惧。

人们在自己的心灵中找到的这种感情，它正是打开这把大锁的唯一钥匙，它给予人真正的幸福，即人的理性向人揭示出来的、唯一可能实现的幸福。这种感情不仅解决了从前生命的矛盾，而且它似乎正是在这种矛盾中找到了展现自己的可能性。

动物性躯体为了自己的目的而想利用人，而爱的感情却引导他为了别人的利益献出自己的生命。

动物性躯体深深痛苦着，而爱的活动正是把减轻这种痛苦作为自己的目标。动物性的躯体渴望着幸福，其实它的每一下呼吸都在奔向最大的恶——死亡，它一出现，所有躯体的幸福就会毁灭。而爱的感情不仅会消除这种恐惧，还使人们向往着为了别人的幸福而最终牺牲自己的肉体生命。

不觉寂寞

〔美国〕亨利·梭罗

<u>当我享受着四季的友爱时，我相信，什么也不能使生活成为我沉重的负担。</u>

在任何大自然的事物中，都能找出最甜蜜温柔、最天真和鼓舞人的伴侣，即使是对愤世嫉俗的可怜人和最最忧悒的人也一样。只要是生活在大自然之中并具有五官的人，就不可能有很阴郁的忧虑。对于健全而无邪的耳朵，暴风雨还真是伊奥勒斯的音乐呢。什么也不能迫使单纯而勇敢的人产生庸俗的伤感。当我享受着四季的友爱时，我相信，什么也不能使生活成为我沉重的负担。今天，好雨洒在我的豆子上，使我在屋里待了整天，这雨既不使我沮丧，也不使我抑郁，对于我可是好得很呢。虽然它使我不能够锄地，但它比锄地更有价值。如果雨下得太久，使地里的种子、低地的土豆烂掉，它对高地的草还是有好处的，既然它对高地的草很好，它对我也就是很好的了。有时，我将自己和别人做比较，好像我比别人更得诸神的宠爱，比我应得的似乎还多；好像我有一张证书和保单在他们手上，别人却没有，因此我受到了特别的引导和保护。我并没有自称自赞，可是如果可能，倒是他们称赞了我。我从不觉得寂寞，也一点不受寂寞感的压迫，只有一次，在我进了森林数星期后，我怀疑了一个小时，不知宁静而健康的生活中是否应当有些近邻，独处似乎不很愉快。同时，我觉得我情绪有些失常，但我似乎也预知自己会恢复正常。当这些思想占据我的时候，温和的雨丝飘洒下来，我突然感觉到能跟大自然做伴是如此甜蜜如此受惠，就在这滴答滴答的雨声中，我屋子周围的每一个声音和景象都有着无穷尽无边际的友爱，一下子这支持我的气氛把我想象中的有邻居方便一点的思潮压下去了，从此之后，我就没有再想到过邻居这回事。每一支小小松针都富于同

情心地胀大起来，成了我的朋友。我明显地感到这里存在着我的同类，虽然我是处在一般人所谓凄惨荒凉的境况中，然而那最接近于我的血统，而且我发现最富于人性的并不是某个人或村民，从今后再也不会有什么地方能使我觉得陌生了。

"不合宜的哀恸销蚀悲哀，
在生者的大地上，他们的日子很短，
托斯卡尔的美丽女儿啊。"

我最愉快的若干时光在于春秋两季的长时间暴风雨当中，这弄得我上午下午都被禁闭在室内，只有不停止的大雨和咆哮安慰着我。我从微明的早晨进入了漫长的黄昏，其间有许多思想扎下了根，并发展了它们自己。

怎样活着？

〔古希腊〕德谟克利特

缺乏和过度惯于变换位置，将引起灵魂的大骚动。摇摆于这两个极端之间的灵魂是不安宁的。

卑劣地、愚蠢地、放纵地、邪恶地活着，与其说是活得不好，不如说是慢性死亡。

追求对灵魂好的东西，是追求神圣的东西；追求对肉体好的东西，是追求凡俗的东西。

应该做好人，或者向好人学习。

使人幸福的并不是体力和金钱，而是正直和公允。

在患难时忠于义务，是伟大的。

害人的人比受害的人更不幸。

做了可耻的事而能追悔，就挽救了生命。

不学习是得不到任何技艺、任何学问的。

蠢人活着却尝不到人生的愉快。

蠢人是一辈子都不能使任何人满意的。

医学治好身体的毛病，哲学解除灵魂的烦恼。

智慧生出三种果实：善于思想，善于说话，善于行动。

人们在祈祷中恳求神赐给他们健康，却不知道自己正是健康的主宰。他们的无节制戕害着健康，他们放纵情欲，自己背叛了自己的健康。

通过对享乐的节制和对生活的协调，才能得到灵魂的安宁。缺乏和过度惯于变换位置，将引起灵魂的大骚动。摇摆于这两个极端之间的灵魂是不安宁的。因此应当把心思放在能够办到的事情上，满足于自己可以支配的东西。不要光是看着那些被嫉妒、被羡慕的人，思想上跟着那些人跑。倒是应该将眼光放到生活贫困的人身上，想想他们的痛苦，这样，就会感到自己的现状很不错、很值得羡慕了，就不会老是贪心不足，给自己的灵魂造成苦恼。因为一个人如果羡慕财主，羡慕那些被认为幸福的人，时刻想着他们，就会不由自主地不断搞出些新花样，由于贪得无厌，终于做出无可挽救的犯法行为。因此，不应该贪图那些不属于自己的东西，而应该满足于自己所有的东西，将自己的生活与那些更不幸的人比一比。想想他们的痛苦，你就会庆幸自己的命运比他们的好了。采取这种看法，就会生活得更安宁，就会驱除掉生活中的几个恶煞：嫉妒、眼红、不满。

第三辑
谁给我们一处港湾

为什么你将不安、悲痛、忧郁这些情绪，摒除在你的生活之外呢？在这种状态下，我不知道你还能处理什么事情。

——里尔克

怒 气

〔英国〕培根

人在受伤害后最好的制怒之术是等待时机，克制忍耐，把复仇的希望保留到将来。

斯多葛派哲学主张人应该彻底杜绝发怒，但这是不可能的，我们只要注意：生气就生气，但不要因一次激怒制造一次罪行。更不必因怒气而闷闷终日。对怒气必须从程度和时间两方面加以节制，我们来讨论三个问题：

一、怎样克制易被激怒的天性；

二、怎样避免因发怒而造成不可收拾的恶果；

三、用什么办法可以使人发怒和息怒。

关于第一点，最好的办法就是在将要动怒时，冷静地想想可能招来的后果。塞涅卡说：怒气犹如重物，将破碎于它所坠落之处。《圣经》则教导我们：忍耐能使灵魂宁静。无论是谁，假如丧失忍耐，就将丧失灵魂。人决不可像蜜蜂那样，"把整个生命拼在对敌手的一蜇中"。

易怒是一种卑贱的素质，受它摆布的往往是生活中的弱者，如儿童、女人、老人、病人。所以人们应该注意，当你被激怒时，应努力在愤怒的同时给予蔑视，而不可在愤怒的同时掺杂以恐惧。这可以使你在精神上保持自制力和对对手的优势。这并不难办到，只要有自信心就可以。

关于第二点，三种情况下的人容易发怒：第一是过于敏感的人。他们的神经太脆弱，一点小事就足以刺激他们；其次是认为自己受到轻蔑的人。被人轻蔑会激起怒气，其效果胜于其他伤害；最后是那种认为自己名誉受到损害的人，

也最易被激怒。为了防止这种情况，最好能如高德瓦所说，"人的荣誉之网应当用粗绳索来编制"。

人在受伤害后最好的制怒之术是等待时机，克制忍耐，把复仇的希望保留到将来。

人在发怒时千万要谨慎两点：第一不可恶语伤人，这不同于一般的对世情发牢骚，而会植下怨毒之根；第二不可因发怒而轻泄隐秘，这会使人无法再受到信任。总之，无论在情绪上怎样激愤，在行动上千万不能做出无可挽回的事来。

至于激人发怒之术，与息怒之术相同，关键在于把握时机。人在急躁或心情不好时最易激怒。这时可以把所有能令他不快的事都加之于他。而若要平息一个人的怒火，第一在谈一件可能使他激动的事时要选择一个好的机会和场合，第二要设法解除他因受轻蔑而感到被侮辱的感情，可以将这种伤害解释为并非蓄意，而是由于误会、激动或其他什么偶然的原因。

感 性

〔法国〕卢梭

<u>人之所以合群，是由于他的身体柔弱；我们之所以热爱人类，是由于我们有共同的苦难。</u>

经过细心培养的青年人易于感受的第一种情感，不是爱情而是友谊。他日益成长的想象力首先使他想到他有一些同类，人类对他的影响早于性对他的影响。所以，将蒙昧无知的时期加以延长，还可以获得另外一个好处，那就是：利用日益成长的感性在这个青年人的心中投下博爱的种子。正是由于在他一生中，只有这个时候对他的关心教育才能取得真正的成效，所以这个好处的意义更为重大。

第三辑　谁给我们一处港湾

我们往往发现，很早就开始堕落、沉湎于酒色的青年是很残酷不仁的：性情的暴烈使他们变得很急躁、爱报复和容易发脾气；他们不顾一切，只图达到他们想象的目的；他们不懂得慈悲和怜悯；他们为了片刻的快乐就能牺牲他们的父亲、母亲和整个世界。反之，一个在天真质朴的生活中成长起来的青年，由于自然的作用是必然会养成敦厚和重感情的性情的：他热诚的心一见到人的痛苦就深为感动；他见到伙伴的时候会高兴得发抖，他的双臂能温柔地拥抱别人，他的眼睛能流出同情的泪；当他发现他使别人不愉快了，他就觉得羞愧；当他发现他冒犯别人了，他就觉得歉然。如果火热的血使他急躁不安和发起怒来，隔一会儿以后，你就可以从他那深深惭愧的表情中看出他天性的善良；他见到自己伤害了别人就哭泣和战栗，他愿意用自己的血去赔偿他使别人流的血；当他觉察到他犯了过失，他所有的怒气就会消失，他所有的骄傲就会变为谦卑。如果别人冒犯了他，在他盛怒的时候，只要向他道个歉，只要向他说一句话，就可以消除他的怒气；他既能真心实意地弥补他自己的过失，也能真心实意地原谅他人的过失。青春时期，不应该是对人怀抱仇恨而应该是对人十分仁慈和慷慨的时期。是的，我是这样说的，我不怕将我的话付诸经验的考验，一个在20岁以前一直保持着天真的善良人家的孩子，在青春时期的确是人类当中最慷慨和最善良的人，他既最爱别人，也最值得别人爱。我深深相信，还从来没有人向你说过这样的话，你们那些在学院的腐败环境中教育出来的哲学家，是不愿意知道这一点的。

人之所以合群，是由于他的身体柔弱，我们之所以热爱人类，是由于我们有共同的苦难。如果我们不是人，我们对人类就没有任何责任了。对人的依赖，就是力量不足的表征；如果每一个人都不需要别人的帮助，我们就根本不想同别人联合了。所以从我们的弱点中反而产生了微小的幸福。

嫉 妒

〔英国〕罗素

现代世界中社会地位的变动不定，以及各式各样的平等学说，极大地拓展了嫉妒的范围。

不必要的谦虚与嫉妒有着相当大的关系。谦虚往往被认为是一种美德，但是在我看来，我很怀疑，谦虚在其更为极端的形式上是否仍值得如此看待。谦虚的人需要一连串的安抚保证，而且常常不敢去尝试他们本来有能力完成的任务。谦虚的人相信自己比不上身边的人。因此他们容易产生嫉妒心，并由嫉妒心导致不幸和敌意。就我来说，我认为，抚养一个孩子，让他知道自己是个好孩子非常重要。我不相信哪一只孔雀会去嫉妒另一只孔雀的羽尾，因为每一只孔雀都认为自己的羽尾是世界上最美丽的。结果是，孔雀成了和平温顺的鸟类。试想一下，如果一只孔雀被告知，对自己评价很高是一种邪恶的行为，那它会变得多么不幸啊！每当它看见别的孔雀开屏时，它就会自言自语："我可不能去想我的羽尾比它的更漂亮，因为这样想是骄傲自满。但是，唉！我多么希望自己更漂亮些！那只丑鸟太自以为漂亮了！我扯下它几把羽毛怎样？这样我就不用再害怕与它相比了。"或许它会设个陷阱，去证明那只孔雀行为不端、邪恶可恨。于是它会在头领会议上谴责那只孔雀。渐渐地它会立下这样一条规定：凡是羽尾特别漂亮的孔雀总是邪恶的，孔雀王国中那位聪明过人的统治者就会选出那只仅有几根秃羽的孔雀当头领。在这一规定被接受后，它会处死所有美丽的孔雀，到最后，真正光彩夺目的尾羽将会变成只在朦胧的记忆里才存在的东西。这就是嫉妒假冒道德获得的胜利。但是当每只孔雀都认为自己比其他同类更漂亮时，就没有这种压抑的必要了。每只雄孔雀都想在这一竞争中赢得第一名，并且由于它们

尊重自己的雌性伴侣，所以都会认为自己取得了这样的好成绩。

当然，嫉妒是与竞争紧紧联系在一起的。我们对自己认为毫无希望达到的幸运是不会嫉妒的。在那个社会等级森严固定的时代，最下等的阶层是不会嫉妒上等阶层的，因为贫富之间的界限被认为是由上帝指定的。乞丐不会嫉妒百万富翁，即使他们会嫉妒那些比自己成功的乞丐。现代世界中社会地位的变动不定，以及各式各样的平等学说，极大地拓展了嫉妒的范围。这是一种邪恶，但是为了达到更为公正的社会制度，我们必须忍受这种邪恶。当对不平等进行理性思考时，除非它们是基于一种应得价值的高度，否则就会被视为不公正。一旦这种不平等被视为不公正，除了把它消除，对由此引起的嫉妒是没有其他解决办法的。

为健康而忧虑

〔日〕池田大作

<u>在某种意义上可以说，"健康"和"疾病"两者浑然一体，这正是"生命"的实相吧。</u>

我年轻时最喜欢的名言中有柏格森的一句话，所谓健康，是指"对行动抱有热情，在灵活地适应环境的同时，具有准确的判断力、不屈的精神和最正确的认识"。

这句话的确体现了这位"生命哲学家"的思想，他触及活生生的生命。我曾多次拜会并与之交谈的泽泻久敬博士也说过："所谓健康，并非只是早晨醒来不觉得身体异常而能马上起床，或感到精神十分清爽，而是醒来后对当天的工作立刻涌出不可抑制的热情。这种心态才是真正的健康。"在这简单明了的一席话中，画龙点睛地指出健康的要素。

然而，现实似乎与这种健康观相去甚远。人们常阅读保健书籍、选购天然食品、服用中药，以至热衷于减肥和跑步，这些都足以说明人们对健康的关注。但反过来说，这也正反映了人们对健康的无限忧虑和保持健康的愿望。"健康热"这一新名词概括了上述现象，也许它是未经深思熟虑的行为，但在这些现象背后，确实潜藏着现代人的一个急切愿望，即竭力保持健康，拥有富有价值的人生，力图战胜癌症、循环系统的疾病和疑难病症。当前，许多问题摆在人们面前，即由于平时精神过分紧张而造成的身心疲劳；对各种现代病应采取何种对策；随着平均寿命的增长，又提出如何才能度过"充实、健康的老年"等问题。今天，要想真正健康地活下去，已显得日益艰难。因而可以说，建立正确的健康观，正是当前极其重要的一大课题。

有人认为，"健康"是指所谓"身体的健康"、"心理的健康"和"社会的健康"。而这三者又是紧密相连的。

诚然，身心的健康十分可贵，但人生是无法逃避疾病和苦难的。在某种意义上可以说，"健康"和"疾病"两者浑然一体，这正是"生命"的实相吧。就是健康的人，到一定的年龄也会多少染上些疾病，有时也会略感身体不适。但也有许多人，即便被病魔缠身，也能完成伟大的事业。相反，也有人尽管非常健康，却碌碌无为地虚度一生。

旺盛的生命力，犹如奔腾不息的江水，在人生和社会中，不断形成人们每天的活动。人们可从中窥视到正确的"健康观"，它与"全体"、"完成"的意义相通。在这种意义上，是否也可以说，每个人的生活目的和态度，都将受到"为健康而忧虑的时代"的严峻考验呢？

生命的春天

〔英国〕塞缪尔·约翰逊

<u>难道有优秀的诗人面对那些花瓣、那阵阵柔风、那青春的颤音而不显露他们的喜爱？</u>

每个人对自己的现状都会很不满足，多少总要驰骋幻想去询问未来的幸福，而且，会凭借解脱眼前困惑他的烦恼，凭借他获得的利益，去把握时间以谋求改善现状。

当这种常常要用最大的忍耐盼来的时刻最后到来时，幸福却往往并不降临，于是，我们又以新的希望自我安慰，又用同样的热望企盼未来。

如果这种心情占了上风，人们就会把希望寄托在他难以企及的事物上，也许就真会碰上运气，因为他们不是仓促从事。并且，为了使幸福更加完善，他们还会注意采取必要的措施，等待幸福时刻的到来。

我很久前就认识了一位有这种性情的人，他沉迷于幸福的梦想中，这给他带来的损害要比妄想通常产生的损害少得多，同时，他还会常常调整方案，显示他的希望之花常开不败，也许不少人都想知道他是用什么方法得到如此廉价而永恒的满足。其实他只是将困难移到下一个春天，他得到了这种暂时的满足。如果他的健康可以得到补偿，那么春天就能补偿；如果因价格昂贵而买不起他所需要的东西，那么，在春天，这种东西就会跌价。

事实上，春天悄然来到却往往并无人们所想象的那种效益，但人们常常这样肯定：可能下次会顺利些，不到仲夏很难说眼前的春意就令人失望；不到春意了无踪迹的时候，人们总是经常谈论春天的降临，而当它一旦飘离之后，人们却还觉得春天仍在人间。

同这样的人长谈，在思索这个快乐的季节时，也许会感到极大的愉快。我满意地发现有很多人也被同样的热情所感染（这样比拟是无愧的）。因为，难道有优秀的诗人面对那些花瓣，那阵阵柔风，那青春的颤音而不显露他们的喜爱？即使最丰富的想象也难以包容那金色季节的静穆与欢欣，而又会有永恒的春天作为对永不腐朽的清白的最高奖赏。

的确，在世界一年一度的更新过程中，有一种不可言传的喜悦展现出无数大自然的奇珍异宝。冬天的僵冷与黑暗以及我们眼见的各种物体所裸露出来的奇形怪状，会使我们向往下一个季节，既是为了躲避阴冷的冬天，也是因为喜欢晴朗的春天。

人的过错

〔法国〕卢梭

真正自由的人，只想他能够得到的东西，只做他喜欢的事情。

人啊，把你的生活限制在你的能力之内，就不会再痛苦了。紧紧地占据着大自然在万物的秩序中给你安排的位置，没有任何力量能够使你脱离那个位置，不要反抗那严格的必然的法则，不要为了反抗这个法则而耗尽了你的体力，因为上天所赋予你的能力，不是用来扩充或延长你的存在，而只是用来让你按照它喜欢的样子和它所许可的范围生活。你天生的能力有多大，就能享受多大的自由和权力，不要超过这个限度，其他一切全都是奴役、幻想和虚名。当权力要依靠舆论的时候，其本身就带有奴隶性，因为你要以你用偏见来统治的那些人的偏见为转移。为了按照你的心意去支配他们，你就必须按照他们的心意办事。他们只要改变一下想法，你就不能不改变你的做法……

只有自己实现自己意志的人，才不需要借用他人之手实现自己的意志。由此可见，在所有的财富中，最为可贵的不是权威而是自由。真正自由的人，只想他能够得到的东西，只做他喜欢做的事情。

我们之所以这样可怜和邪恶，正是由于滥用了我们的才能。精神上的痛苦无可争辩地是我们自己造成的，而身体上的痛苦，要不是因为我们的邪恶使我们感到这种痛苦的话，是算不得一回事的。大自然之所以使我们感觉到我们的需要，难道不是为了保持我们的生存吗？身体上的痛苦难道不是机器出了毛病的信号，叫我们更加小心吗？死亡……坏人不是在毒害他们自己的生命和我们的生命吗？谁愿意始终这样生活呢？死亡就是解除我们所做的罪恶的良药；大自然不希望我们一直遭受痛苦。在蒙昧和朴实无知的状态中生活的人，所遇到的痛苦是多么少啊！他们几乎没有患过什么病，没有起过什么欲念，他们既预料不到也意识不到他们的死亡。当他们意识到死的时候，他们的痛苦将使他们希望死去，这时候，在他们看来死亡就不是一件痛苦的事情了。如果我们满足于现在这个样子，我们对命运就没有什么可抱怨的。为了寻求一种空想的幸福，我们却遭遇了千百种真正的灾难。谁要是遇到一点点痛苦就不能忍受，他就一定会遭到更大的痛苦。

我认为万物是有一个毫不紊乱的秩序的，普遍的灾祸只有在秩序混乱的时候才能发生。个别的灾祸只存在于遭遇这种恶事的人的感觉里，但人之所以有这种感觉，不是由大自然赐予的，而是人自己造成的。任何人，只要他不常常想到痛苦，不瞻前顾后，他就不会感觉到什么痛苦。

自恋者

〔英国〕罗素

一个只对自己感兴趣的人是不值得称道的，人们不会如他所自认为的那样看待他。

自恋，在某种意义上，是习惯化了的负罪感的对立物。它包括对自我的爱慕和希望得到别人爱慕的习惯。当然，某种程度的自恋是正常的，人们也不必为之哀叹。然而一旦这种自恋发展过了头，它就会变成一种恶习。在许多妇女，特别是富裕阶层的妇女身上，那种感受爱的能力早已干涸并被一种希望所有男人都爱她的强烈愿望所代替。当这种女人确信某个男子爱上她时，她将觉得他对自己不再有用。同样的现象也会发生在男人身上，虽然比较少见。典型的一个例子就是小说《危险的私通》中的主角（该书描写了大革命之前法国几位贵族的爱情故事）。当虚荣达到这种程度时，他们对任何人都不再会有真正的兴趣，因而从爱情中也不可能获得丝毫满足。其他兴趣失落得更加迅速。例如，一个自恋者被人们对大画家的崇敬所激励，他也会变成一位美术专业的学生。然而，由于绘画只不过是他为达到目的的手段而已，因而绘画技法从来没有变成他的真正兴趣。除了与己有关的以外，他看不到任何别的主题。结果自然是失败和失望，没有预期中的奉承，却只有一连串的奚落。

　　同样的情况也常常发生在小说家身上，如果小说家总是把自己当做理想的英雄。无论何种劳动，它的真正成功有赖于对劳动对象的真正兴趣。成功的政治家们的悲剧就在于，他们原先对社区活动以及施政方针的兴趣，逐渐为自恋情绪所取代。一个只对自己感兴趣的人是不值得称道的，人们不会如他所自认为的那样看待他。因此，如果一个人对这世界唯一关心的只是这个世界应该对他表示崇敬，那么他往往不大可能达到这个目标。就算他达到了这个目标，他仍然不能获得完全的幸福，因为人类的本能永远不会完全以自我为中心，自恋者只不过是对自己加以人为的限制，正如一个为负罪感所压抑的人一样。原始人可能会为自己是个优秀猎手而自豪，但是他也喜欢狩猎活动本身。虚荣心一旦超过一定的界限，就会由于自身的原因扼杀任何活动所带来的乐趣，并且不可避免地导致倦怠和厌烦。一般情况下，虚荣心的根源在于自信心的缺乏，疗法则在于培养自尊。但是这只有通过对客观事物的兴趣，激发起一连串的成功行动才能达到。

与白嘴鸦的对话

〔俄国〕契诃夫

<u>人先生，智慧不是从寿长来的，而是从教育和修养来的。</u>

我——据说你们白嘴鸦寿命很长。你们，还有梭鱼，总是被我们的自然科学工作者举出来作为寿命非常长的例子。你多大岁数了？

白嘴鸦——我376岁。

我——哎呀！可了不得！真的，活得好长呀！老先生，换了是我，鬼才知道已经给《俄罗斯掌故》和《历史通报》写过多少篇文章了！要是我活了376岁，那我简直想不出来我会写出多少篇小说、剧本。小东西！那我会拿到多少稿费啊！那么你，白嘴鸦，在这么长的时间里干了些什么呢？

白嘴鸦——没干什么，人先生！我只是吃喝睡觉、生儿养女罢了……

我——丢脸啊！我又为你害臊，又为你愤慨，蠢鸟！你在世界上活了376岁，却跟300年前一样愚蠢！一点进步都没有！

白嘴鸦——人先生，智慧不是从寿长来的，而是从教育和修养来的。

我（仍旧愤慨）——376岁！要知道，这是多么了不起！简直跟长生不老一样！在这么长的时期里，我足足能够把所有的学问都读它一回，足足可以结20次婚，种种职业、样样工作都可以试一下，鬼才知道我的官阶会升到多么高，临死时候一定是个大富翁！你要想想看，傻瓜，在银行里存上一个卢布，照5分复利算，只要283年就能滚成100万！你算算看，先生！这是说，要是你在283年以前在银行里有一个卢布，现在就有100万啦！唉，你啊，笨蛋，笨蛋！你这么蠢，你倒并不害臊，并不伤心？

白嘴鸦——不是这样……我们固然愚蠢，不过另一方面，我们也可以安慰

青少年智慧人生丛书

自己：我们在百年生活里所做的蠢事，比起人在40年里所做的蠢事还要少得多……是的，人先生，我活了376岁，可是没有一回看见白嘴鸦自家里起内讧，自相残杀，然而你必定想不起有哪一年，你们那儿没有战争……我们不互相打劫，不开办放款银行和学古代语言的寄宿学校，不作假见证，不讹诈拐骗，不写糟糕的小说和诗歌，不编骂人的报纸……我活了376岁，从没见过雌的白嘴鸦欺骗而且伤害她的丈夫——可是你们那儿呢，人先生？在我们当中，没有奴才、马屁精、骗子、犹大……

鬣狗性

〔俄国〕谢德林

"人性"从来没有真正屈膝，而是在暂时撒满"鬣狗性"的灰烬底下继续燃烧。

勃莱姆证明，鬣狗有多大的奸诈，就有多大的怯懦。有一次，他到天蓝河畔一群伙伴那里过夜，忽然，紧靠着篝火旁边出现一条鬣狗，唱起裂人心肝的歌。但当聚集在一起的伙伴们开始哈哈大笑，来回答这支歌儿的时候，这位不速之客却惊惶万状，马上跑掉了。另一次，在赛纳阿尔城，勃莱姆半夜做客回来，在城里一条街上遇见相当大的一群鬣狗。但是，只扔去一块石头，就将整整的一群驱散了。

鬣狗甚至可以驯服。当然，做这件事不会让人愉快，但为了详细研究这种动物的习性，诸如此类的尝试并非无益。驯服也相当容易！只要时常殴打和洗冷水澡就可以了。勃莱姆说，用这种办法驯服出来的鬣狗，看见他就立刻跃身而起，高高兴兴地吠叫，先是在他身旁跳来跳去，把前爪放在他肩上，闻闻脸，最后就直挺挺地竖起尾巴，把翻卷着的肠子从肛门里伸出一英寸半至二英寸来。总之，这里正像在任何地方一样，人赢得了胜利，只是那伸出的肠子，倒是多余的了。

不过看见鬣狗的快活……这也各有不同……

但这个故事到底是什么意思,写它有什么目的?也许,读者会问我——我讲这个故事,目的是以直观方法表明,"人性"永远而且必定战胜"鬣狗性"。

有时我们觉得,"鬣狗性"准备充塞整个世界,不断扩充,眼看就要挤死一切有生之物了。这种幻觉并非偶然产生。四周响着哈哈声和尖叫声,阴暗深处传来唤起仇恨、争吵、倾轧的呼喊。一切有生之物都在无名的恐怖中叩头作揖。善屈膝了,美屈膝了,人性屈膝了!一切内心活动都在这个恼人念头的重压下停滞了。像挂起密不透风的帷幕似的,一切都被仇恨、诽谤、鬣狗性永远遮盖了!

然而,这是极大的犯罪谬见。"人性"从来没有真正屈膝,而是在暂时撒满"鬣狗性"的灰烬底下继续燃烧。

今后它也不会屈膝,不会中止燃烧——决不!因为,只要能够认识"鬣狗精神",它就绝对施展不出会造成无理及恶毒偏见的魔法,使心灵与头脑醒悟,人性就会赢得胜利。这醒悟一旦出现,就不再需要培养"鬣狗精神"了——为什么,它毕竟不会停止发出臭味,况且培养也有许多麻烦,它将自然而然地向深渊越走越远,最后,直到大海将它吞没,像古时吞没猪群一样。

笑 声

〔英国〕伍尔芙

<u>最出色的心灵独自就能攀爬上峰顶极巅,在那儿犹如看全景照片似的俯瞰生活。</u>

存在着一些超越于语言之上,而不是屈居于语言之下的东西,笑声就是其

中之一。因为笑声虽然是含糊不清的，但却是没有任何动物能够发出的声音。如果躺在炉前地毯上的狗痛苦地呻吟着，或者快活地吠叫着，我们能辨识出它们的含义，其中也无奇怪之处，可倘若这条狗想要笑呢?倘若在你进入房间时，它没有用舌头或尾巴表示见到你时那合法的快乐，而是进出银铃似的笑声——咧嘴而笑，摇晃着它的双肋，显示出所有表达特别欢快的通常符号。你的感觉肯定是畏缩与恐惧，仿佛是从兽嘴里听出了人声。同样我们也无法想象比我们处于更高发展阶段上的生物的笑。笑声好像是而且只是属于男人和女人。笑声是我们内心的喜剧精神的表露，喜剧精神关注的是与公认的模式不同的奇异事物、怪僻行为以及越轨之处。它在那突然自发的笑声——我们几乎不知道它为何而来，也不知道它何时会来——中做出了自己的评注。

　　我们如果花时间去思考——去分析喜剧精神据以栖身的土壤，我们无疑会发现，表面上是喜剧性的东西内在则是悲剧性的。当微笑徜徉在我们唇边时，泪水已在我们的眼眶内盈盈欲溢。这——此语是班扬之言——已被人们看做是幽默的定义。但喜剧的笑声却没有眼泪的重负。与此同时，虽然它的职责与真正的幽默相比只相对微小一些，可也不能过高地估计这笑声在生活中和艺术中的价值。幽默具有其高度，最出色的心灵独自就能攀爬上峰顶极巅，在那儿犹如看全景照片似的俯瞰生活。但是喜剧却漫步在公路上，思考反省着那些琐碎和偶然的东西——所有那些在路边经过的可予原谅的过错和怪痴。笑声比别的更能保持我们的均衡感。它始终在提醒我们，我们都是凡夫俗子，没有人是完完全全的英雄或彻头彻尾的恶棍。一旦我们忘记了笑，我们看待事物就失去了分寸，也就丧失了现实感。幸运的是狗不会笑，因为如果它们会笑，它们就会意识到作为狗的可怕局限。男人与女人在文明阶梯上的高度刚好是以被放心地赋予了解自身弱点的能力，以及被授予嘲笑人的天赋。不过我们也有危险，有着丧失这珍贵特权的危险，或许是大量粗糙而笨重的知识将它从我们胸中榨压出去的危险。

真假单纯

〔法国〕弗朗索瓦·费奈隆

<u>前者目光短浅，只陶醉于眼前的事物；后者却过分看重自身，陶醉于内心的占有。</u>

单纯是灵魂中一种正直无私的品质。与真诚比起来，单纯显得更高尚、更纯洁。许多人真挚诚恳，但却不单纯。他们怕遭人误解，唯恐自己的形象受到损害。他们时时关注自己，反躬自省，处处斟辞酌句、谨慎小心。待人接物他们总担心过头，又怕有所不足。这些人真心诚恳，却不单纯。他们难以同人坦然相处，别人对他们也小心拘谨。他们的弱点在于不坦率、不随意、不自然。而我们更宁愿同那些谈不上多么正直多么完美，但却没有虚情矫饰的人结交相处。这几乎已成为世人的一条准则，上帝似乎也以此为标准对人做出判断。上帝不希望我们如对镜整容一般，用太多的心思审视自身。

但是，只是注意他人而放弃自省也是一种盲目状态。处于这种状态的人只全神贯注于眼前事物以及个人的感官感受，这正是单纯的反面。下面是两类正好相反的事例：其一是无论效力于同类还是上帝，都全身心地忘我投入；另一类是自以为含蓄聪颖，自我意识强烈，而一旦他得意自满的情绪受到外界干扰，就会魂不守舍，心烦意乱。因此，这是虚假的聪明，乍一看冠冕堂皇，实际上与单纯追求享乐的行为同样愚蠢。前者目光短浅，只陶醉于眼前的事物；后者却过分看重自身，陶醉于内心的占有。这两者都充满虚妄。相比起来，只注重内心的冥思独想比全神贯注于眼前事物更为有害，因为它貌似聪明实则愚蠢，而且，它常诱人误入歧途，自以为是，引一孔之见为至上光荣。它使我们受不自然情绪的支配，让我们陷入一种盲目的狂热，自认为体魄强健，实际已病入

膏肓。

单纯需要适度，我们自处其中既不过度激动，也不过分沉静。我们的灵魂不会因为过于注重外界事物而无暇做必要的内心自省，也不会时时注重自我，使一心维护个人形象的戒备之心扩张膨胀。要是我们的灵魂能挣脱羁绊，直视伸展的道路，不将宝贵的时间浪费在权衡研究脚下的步伐上，或者对已逝的岁月频频回头，那我们就拥有了真正的单纯。

软弱的人类

〔法国〕卢梭

除了体力、健康和良知以外，人生的幸福是随着各人的看法不同而不同的。

人越是接近他的自然状态，他的能力和欲望的差别就越小，因此，他达到幸福的路程就没有那样遥远。只有在他似乎是一无所有的时候，他的痛苦才最为轻微，因为，痛苦的成因不在于缺乏什么东西，而在于对哪些东西感到需要。

真实的世界是有界限的，想象的世界则没有止境。我们既然不能扩大一个世界，就必须限制另一个世界，因为，正是由于它们之间的唯一的差别，才产生了使我们感到极为烦恼的种种痛苦。除了体力、健康和良知以外，人生的幸福是随着各人的看法不同而不同的。除了身体的痛苦和良心的责备以外，我们的一切痛苦都是想象的。人们也许会说，这个原理是人所共知的。我同意这种说法。不过，这个原理的实际运用就不一样了，而这里所谈的，完全是运用问题。

我们说人是柔弱的，这是什么意思呢？"柔弱"这个词指的是一种关系，指我们用它来表达的生存关系。凡是体力超过其需要的，即使是一只昆虫，也是很强的，凡是需要超过其体力的，即使是一头大象、一只狮子，或者是一个战胜者、一个英雄、一个神，也是很弱的。不了解自己的天性而任意蛮干的天使，比按照自己的天性和平安详地生活的快乐的凡人还弱。对自己现在的力量感到满足的人，就是强者。如果想超出人的力量行事，你就会变得很柔弱。因此，不要以为扩大了你的官能，就可以增进你的体力。如果你的欲望大过了你的能力，反而会使你的能力减小。我们要量一量我们的活动范围，我们要像蜘蛛呆在网的中央似的呆在那个范围的中央，这样，我们就始终能满足自己的需要，就不会抱怨我们的柔弱，因为我们根本没有柔弱的感觉。

一切动物都只有保存它自己所必需的能力，唯独人的能力才有多余的。可是，正因为他有多余的能力，才使他遭遇了种种不幸，这岂非一件怪事？在各个地方，人的双手生产的物资都超过他自己的需要。如果他相当贤明，不计较是不是有余，那他就会始终觉得他的需要被满足了，因为他根本不想有太多的东西。法沃兰说："巨大的需要来自于巨大的财富，而且，一个人如果想获得他所缺少的东西，最好的办法还是把他已有的东西舍弃。"正是由于我们力图增加我们的幸福，才使我们的幸福变成了痛苦。如果一个人只要能够生活就感到满足，他就会生活得很愉快，从而也会生活得很善良，因为，做坏事对他有什么好处呢？

空虚的世界

〔美国〕弗洛姆

我们是吃喝者、吮吸者，是永远充满希冀、带有期望的人——也是永远失望、欲壑难填的人。

现代人同自己疏远开来，同他的同伴们或同事们疏远开来，同自然界疏远开来。他变成了一种商品，他将自己当做一种投资来体验生命的活力，而在目前的市场条件下，这种投资必须给他带来可以获得的最高利润。人的关系，实

质上，是疏远了的或异化了的机械般动作的人的关系。每个人的安全感，是以成群地聚集在一起为基础的。每个人在思想上、情感上和行动上并没有什么两样。虽然每个人尽可能地努力同其余的人紧密结合在一起，但是每个人还是极度的空虚和寂寞，每个人充满了强烈的不安全感、焦虑感和罪恶感。如果人的空虚和寂寞不能被克服，它们就总是会导致不安全感、焦虑感和罪恶感的产生。

我们的文明世界，提供了多种帮助人在意识中意识不到这种空虚、寂寞的镇静剂：首先，企业化与机构部门化的机械工作，其严格的规程，促使人意识不到他自己具有人的最根本欲望，意识不到超越自身和结合的强烈要求。由于唯一的规程，在这个方向不能够成功。因此，人通过娱乐的过程化，通过娱乐工业提供的声音和风景被动地消遣，以摆脱潜意识里的绝望。除此之外，人，为了克服孤独感和空虚感，还往往通过购买时髦的东西，很快地更新换旧，从中获得满足。现代人，实际上，很接近于赫胥黎在《勇敢新世界》中所描述的形象：身体肥胖、衣着漂亮、情欲放荡。然而，没有自我，除了与同伴们或同事们肤浅的接触之外，没有任何东西。并且，还受那句曾被赫胥黎简洁地说出来的箴言的影响："个人觉察到，万众齐欢跳。"或者说："今朝有酒今朝醉，明日无来明日忧。"或者最雅致的说法是："现在每一个人都幸福。"今天，人的幸福寓于"获取乐趣"之中，获取乐趣，就在于从商品的消费和"购买"中得到满足，从风景、食物、酒精、香烟、人群、课堂、书籍和电影中得到满足——所有这些都被兼收并蓄、吞咽入肚。世界对我们的欲望来说，是一个偌大的客体，是一个巨大的苹果，是一只巨大的酒瓶，是一个硕大的乳房。我们是吃喝者、吮吸者，是永远充满希冀、带有期望的人——也是永远失望、欲壑难填的人。我们的性格适合于交换、接受、买卖和消费。任何东西，不论是精神方面的，还是物质方面的，都成了交换和消费的对象。

苦 难

〔法国〕卢梭

当今这一代人认为在我的学说中,舍谬误和偏见无它,而在与我对立的体系中,真理与实情却俯拾皆是。

当我受到来自四面八方的无穷无尽的侮慢和羞辱时,间或出现的担忧和疑虑曾不时毁灭我的希望,搅得我不得安宁。这时,我未能反驳的那些有力论点,更加强烈地萦回脑际,试图在我最倒霉的时刻,一个人处于绝望边缘的时刻将我压垮。我还时不时地听到一些新的议论,和那些使我备受折磨的议论一起,浮现在我的脑海。

"哦!"这时我总是无限伤感地自忖道,"倘若我在这可怕的命运中,从理性给予我的安慰中看到的只是虚无缥缈之物,我的理性就这样毁掉自己的作品,摧毁自己留给自己的希冀与信赖的支柱,那么,还有谁能够使我免于绝望呢?在这世上唯有那能将我安抚的幻想,又有何用处呢?当今这一代人认为在我的学说中,舍谬误和偏见无它,而在与我对立的体系中,真理与实情却俯拾皆是。他们甚至不相信我真心实意地采纳这个学说,我自己在悉心致力于它的研究时,也曾在其间发现许多解决不了的难题。然而,它们并没有阻止我坚持这个学说。难道在芸芸众生中,唯我独智、唯我独醒么?只要合我的心意,我就能相信一切事物都是这样吗?那些在少数人看来很不可靠,甚至倘若我的感情与理智背道而驰,我自己也觉得是虚无缥缈的种种表现,我能抱以明了的信心吗?采用以子之矛、攻子之盾的方式来对付我的迫害者,岂不比恪守自己既定的戒律,一味忍

受他们的中伤而不奋起反击更好吗？我自认为明智，其实不过是枉自犯了错误而成了受骗者、牺牲品。"

在那百思不得其解、郁郁不安的时刻里，有多少次我濒于绝望。如果我连续在这种状态中过上一个月，那么，我这一辈子就完了，我这个人也就完了。但是，这些从前来得十分频繁的危机，总是瞬息即逝，现在，我还未全部脱身出来，但它们是那样罕至和短促，根本不可能打搅我的安闲。那不过是轻微的忧虑，再不能损害我的心灵。就像滔滔江河中落入一根羽毛，不能改变它的流向一样。我觉得，重新审定一下我原来已经决定采用的论点，就如同对我提出了新的评判，或向我提出了我在探索时未能得到的对真理更为成熟、更为虔诚的认识。因为这些情况没有一个符合我的实际，所以无论凭哪种坚实的理由，我都不能弃绝我在壮年时期产生的感情，去适从那些在绝望的深渊里给我平添苦难的论点。

我

〔英国〕劳伦斯

<u>我们的生命中存在着两种运动。难道有必要为其中一种运动羞怯吗？</u>

我必须使我同我内心那可恶的毒蛇和平相处。我必须承认我最隐秘的羞怯和最隐秘的欲望。我必须说："羞怯，你就是我，我就是你。让我们互相理解并和平相处吧。"我会成为什么人，如果我必须超越我最终的或最坏的欲望，我的欲望就是我，它们是我的萌芽、我的茎、我的干、我的根。假称自己是一个天使简直是离题太远。我创造了我自己吗？我最大的欲望，就是我的成熟，我的兴旺。这永远超越我的意志，我只好学会默认。

我有伟大的创造欲，也有伟大的死亡欲。也许，这两者是完全相等的。也许秋天的衰败和春天的蓬勃完全是一码事。当然，两者是互为依存的，它们是物理世界的扩张和收缩。但是最初的力量是春天的力量，这显而易见。秋天的毁灭只能随着春天的繁荣而来。所以说，创造是初始的，是源泉，而衰败则是结果。然而，它是不可避免的结果，就像水必定要向低处流一样。

我有创造欲和死亡欲。我能否认其中一个吗？如果那样，两者都实现不了。如果没有秋天和冬天的衰败，也就没有春天和夏天的繁盛。我必须始终从我旧的存在中解脱出来，麦子由于纯粹的创造活动被揉在一起，成了我吃下去的纯创造物——面包。来自麦子的创造之火进入我的血液。在纯粹的粮食中被揉在一起的东西现在分裂了，在我的血液里产生了火，而水汪汪的物质则通过我的肚子流入地下。我们的生命中存在着两种运动，难道有必要为其中一种运动羞怯吗？在我的血液中，火在我已经吃下的小麦面包中忽隐忽现，在更远更高的创造中闪烁，对我来说这是羞愧呢？还是骄傲？如果在我的血液中渗出一些苦涩的汗水，这怎么能说是羞耻呢？当我的意识中显出腐败之流的沉重的沼泽花时，又怎么能说是羞耻呢？那通过我的肠子缓缓向下流的腐物，自有它们的根扎在浊流中。

在我的肚子里有一块自然的沼泽，蛇在那里自然得像待在家里。难道它不会爬进我的意识？当它抬起那低垂的头，出现在我的视野中时，难道我应该用棍子将它杀死？我是应该杀死它呢还是挖去我那看见它的眼睛？无论如何，它将仍然在那沼泽内爬行。

那么，就让活的腐败之蛇在我们体内堂而皇之地获得它的地位吧。来吧，有斑纹的可恶的大蛇，这儿有你自己的存在，你自己的正义，是的，还有你自己所向往的美。来吧，在我精神的太阳里优雅地躺下，在我内心的理解中安然地入睡，我能感觉出你的分量，并为之十分满意。

宁 静

〔英国〕罗素

平静的生活是伟人的特征之一。他们的快乐，在旁观者看来，不是那种令人兴奋的快乐。

过度的兴奋不仅有害于健康，而且会使对各种快乐的欣赏能力变得脆弱，使得广泛的机体满足被兴奋所代替，智慧被机灵所代替，美感被惊诧所代替。我并不完全反对兴奋，一定的兴奋对身心是有益的，但是，同一切事物一样，问题出在数量上。数量太少会引起人强烈的渴望，数量太多则使人疲惫不堪。因此，要使生活变得幸福，一定的忍受力是必要的。这一点从小就应该告诉年轻人。

一切伟大的著作都有令人生厌的章节，一切伟人的生活都有无聊乏味的时候。试想一下，一个现代的美国出版商，面前摆着刚刚到手的《旧约全书》书稿。不难想象这时他会发表什么样的评论，比如说《创世纪》吧。"老天爷！先生"，他会这么说，"这一章太不够味儿了。面对那么一大串人名——而且几乎没做什么介绍——可别指望我们的读者会发生兴趣。我承认，你的故事开头不错，所以开始时我的印象还相当好，不过你也说得太多了。把篇幅好好地削一削，把要点留下来，把水分给我挤掉，再把手稿带来见我。"现代的出版商之所以这么说，是因为他知道现代的读者对繁复感到恐惧。对于孔子的《论语》，伊斯兰教的《古兰经》，马克思的《资本论》，以及所有那些被当做畅销书的圣贤之书，他都会持这种看法。不独圣贤之书，所有精彩的小说也都有令人乏味生厌的章节。要是一部小说从头至尾，每一页都扣人心弦，那它肯定不是一部伟大的作品。伟人的生平，除了某些光彩夺目的时刻以外，总有不那么绚丽夺目的时光。苏格拉底可以日复一日地享受着宴会的快乐，而当他喝下去的毒酒开始发作时，他也一定会从自己的高谈阔论中得到一定的满足。但是他的一生，大半时间还是默默无闻地和他的妻子克姗西比一起生活，或许只有在傍晚散步时，才会遇见几个朋友。据说在康德的一生中，从来没有到过柯尼斯堡以外10英里的地方。达尔文，在他周游世界以后，余生都在他自己家里度过。马克思，掀起了几次革命之后，则决定在不列颠博物馆里消磨掉他的余生。总之，可以发现，平静的生活是伟人的特征之一，他们的快乐，在旁观者看来，不是那种令人兴奋的快乐。没有坚持不懈的劳动，任何伟大的成就都是不可能的。这种劳动令人如此全神贯注，如此艰辛，以至于使人不再有精力去参加那些更紧张刺激的娱乐活动，除了加入假日里恢复体力消除疲劳的娱乐活动，如攀登阿尔卑斯山之外。

荒　谬

〔法国〕加缪

荒谬的世界诞生于卑微中，但由此衍生出它的崇高性。

一个人给自己下定义时，一方面根据伪装，另一方面也得根据他真诚的冲动。因此感情上有把下层的钥匙，此心很难求得，但它会局部地从感情所含的行动，和它所采取的心理状态中泄露出来。我这么说很明显地是在界定一种方法。但同样明显地，这是一种分析方法，而不是一种知识方法。因为方法涉及形而上学，它经常会无意地提及自己宣称为未知数的结论。同样地，一本书的最后几页在开头前几页就已经包含了。这种联系是不可避免的。此处我所界定的方法，承认一切真实的知识都是不可能的。我们只能描述事物的外观，只能

预测气候的趋向。

也许在迥异不同但却密切相关的知识世界里，生活的艺术世界或艺术世界本身里，我们能够克服荒谬那种难以捉摸的感觉。荒谬的气候是一个开头，其结局是荒谬的宇宙和那种心智状态，它以其真实色彩照亮了世界，进而引导出那具有特权，铁面无私的形貌。

一切伟大的行为或思想，开始都是荒谬的。伟大的作品，经常诞生于街角或餐馆的旋转门边，因此它是荒谬的。荒谬的世界诞生于卑微中，但由此衍生出它的崇高性。在某些情况下，如果人们问你在想什么，你回答"没什么"，这可能是一个托词。恋爱中人深知此理。但如果那是个真诚的答复，它象征着灵魂由奇异状态中的虚空变得充实，日常生活姿势的锁链断裂，人心徒然地追寻新的链环，那么这答复就成为荒谬的第一个信号。

碰巧这舞台坍塌了。起床、坐车、办公室或工厂4小时；吃饭、坐车、工作4小时；吃饭、睡觉，以及接踵而来的星期一、星期二、星期三、星期四、星期五和星期六，依照着同样的节拍——大部分时间里，这种步调很容易跟上。但是有一天"为什么"这问题产生了，于是，万事复始时，你会感到极端不耐烦和疲惫。"开始"——这很重要。履行机械化生活最后的结果就是疲惫，但同时它却产生了意识的冲动。它唤醒了意识和接踵而来的一切。接下去的行为，是重新套上那链环，再不然就是豁然的觉醒。觉醒的结局及时导出后果：自杀或复原。疲惫本身令人生厌。我必须宣称这种感觉很好。因为万事始于意识，除了通过它，任何事情都毫无价值。这种论点并无新鲜之处。但它是明显的，在概略地探讨荒谬的起源的过程中，暂时这些就足够了。正如海德格尔所说，纯粹的"焦虑"存在于万物之始。

第三辑　谁给我们一处港湾

路

〔英国〕劳伦斯

<u>有条路，即没有路的路往往被人忘却。有两条路，有炽热的阳光洒落下来，渗透开花的大地。</u>

世上有如此多的自由意志。我们可以交出意志从而成为大趋势中的一朵火花，或者扣留意志，蜷缩在意志之内，从而逗留在大趋势之外，豁免生或死。死神最终是要胜利的。即便到了那时，也无法改变这样一个事实：我们能够生存，在虚无中豁免死，对于将否定施加给我们的自由意志。

我们所能够做的就是在孤独中认出哪条是我们应该走的路，然后将自己交给道路，坚定地向着目的走去。笔直的死亡之路有其壮丽和英勇的色彩：它用热情和冒险打扮自己，浑身跃动着奔跑的豹、钢铁和创伤，长着水淋淋的水莲，它们在自我牺牲的腐泥里发出冰冷而迷人的光。生之路上则长满毛茛属植物，一路上野鸟啭鸣，歌唱着真正的春天，歌唱梦中创造的壮丽的建筑。我踩着充满敌意的敏感之路，为了我们高贵的不朽的荣耀，为了一些娇小的贵夫人，为了无瑕的、由血浇灌的百合花，我们冲破迷人的血的炫耀。或者，从我的静脉中生出一朵高雅的、无人知晓的玫瑰，一朵生命精神的玫瑰。这玫瑰超越任何妇女、任何男人而存在。对虚无来说，我这闪光的、超然存在的玫瑰只是一颗小小的卷心菜，当羊群走进花园时，它们会冷淡地对待玫瑰，但吃卷心菜时却贪婪无比。对虚无来说，我壮丽的死就像江湖骗子的表演，如果我在消极的嗅觉下稍稍使我的矛倾斜一下，那就是可怕的、非人道的罪行，必须用"正确"的统一的呼呼声压倒和制止窒息。

世上有两条路和一条没有路的路。我们不会关心那不是路的路。谁想走一

智者伴你领悟人生

条没有路的路呢?有的人可能会坐在他那没有路的路的尽头,像一颗长在花梗盲肠上的卷心菜。

有条路,即没有路的路往往被人忘却。有两条路,有炽热的阳光洒落下来,渗透开花的大地。有红色的火在它回去的路上,在即将来临的分裂中向上升腾。火从太阳那儿下来投入种子,扑通一声跳入生命的小水库。绿色的泡沫和细流向上喷射,一棵树、一口玫瑰的喷泉、一片水汽朦胧的梨花般的云朵。火又返了回来,树叶枯萎,玫瑰凋谢。火又返回到太阳,暗淡的水流消逝了。

这一切就是生,就是死——同懒汉般的羊群迥然有异。有迅速的死,也有缓慢的死。我投一束光线在多花的灌木上,平衡倒塌变成了火焰路,在死亡的翅膀上,灌木丛向上冲去,在烟雾中,暗淡的水在流逝。

幸福感

〔美国〕爱因·兰德

将自己的生活作为终极价值,将幸福作为最高的追求是同一过程中的两个方面。

幸福是个人达到自我价值的意识状态。如果一个人珍视创造性的工作,这就成了他生活中幸福的衡量标准。但是,如果一个人喜欢破坏(像虐待狂),喜欢自我折磨(像受虐狂),喜欢超验(像神秘主义者),喜欢无头脑的蛮横者,他们所声称的幸福则是一种自我毁灭的成功标准。必须指出的是,这些无理性主义者的情感状态是不能被定义为幸福或快乐的:这只是通过可怕的麻醉而获得的暂时解脱。

通过追求无理性的奇想不能达到生命和幸福。这就好比一个人,他可以自由地通过各种散乱的手段生活,像寄生动物、闲荡者或抢劫者那样,但不可能具有成功的自由。所以，他可以自由地去追逐幸福，以一种非理性的欺诈、奇想、幻觉和各种逃脱现实的方式进行，但他无法成功，也无法逃避由此而来的责任。

可以引一段高尔特的话，幸福是一种无矛盾的快乐状态———一种没有惩罚或犯罪感的快乐，这种快乐不与你自己的价值相冲突，也不是自我毁灭性的生活……只有理性的人才有可能幸福，他除欲望理性的目标而别无他求，除了追求理性的价值和理性行为中的快乐别无它求。

生命的延续和幸福的追求并非两个彼此独立的问题。将自己的生活作为终极价值，将幸福作为最高的追求是同一过程中的两个方面。从存在论角度来说，追求理性目标的活动就是维护自己生命的活动；从心理学角度来说，行为的结果、奖赏及伴随物是幸福的情感状态。正是通过幸福的感受，使自己每时每刻都真正地生活着。当一个人感受到真正幸福时，那本身就是目的。这种幸福使他知道："这是值得生活的"———它用情感的术语加以确证和赞赏，成为一种形而上的事实，生命本身就是目的。

但是，原因和结果的关系不能被颠倒。只有将"人类的生命"看成最基本的，并追求所需的理性价值，才能达到幸福。而不是将"幸福"作为不可定义、不可推导的基本东西，以此来指导自己的生活。如果你达到了用价值的理性标准衡量善，这必然使你感到幸福。但是，如果这种使你幸福的感受是以没有确切定义的情感标准衡量，它就不一定是善的。将"任何使你快乐"作为引导你行为的标准，这就意味着你仅仅为情感的奇想所引导。情感不是认识的工具。受奇想（一种对其源泉、本性和意义无法知晓的东西）的引导，就是将自己沦为盲目的机器人，受未知恶魔的控制。

幸福的价值

〔德国〕费尔巴哈

幸福生活的价值不是固定不变的，也如寒暑表一样，它有时会升高，有时会降低。

与追求幸福发生矛盾并牺牲幸福，这不是说明什么别的，而只说明（自然如果这种自我牺牲未达到自杀）为了主要的东西牺牲次要的东西，为了类而牺牲种，为了高级的福利牺牲低级的福利，为了不可缺少的东西，为了必要的东西牺牲可以缺少的东西，虽然这种可以缺少的东西也是可爱的和可贵的，虽然缺少这种东西会引起苦痛。但是，如上所述，必要性开始的地方，幸福也就不会终止。水不是酒，它只不过是适于饮用的一种液体，在各种饮料中它是无色无臭无味的必需品。通常人在需要时才感觉到它的必要性，这是它唯一有效的魔力。这种必要性将水变为酒，将黑麦变为极精细的上等小麦粉，将草垫变为由鸭绒做的被褥；将泥土塑造为公爵，而反之也常将公爵变为泥土！将最平常、最低级的东西变为最高级的东西，将最不值钱的东西变为无价宝；故乡的泥土，通常被人们任意践踏，但对于可怜的被放逐者来说，它又变成了虔敬接吻的对象。

幸福生活的价值不是固定不变的，也如寒暑表一样，它有时会升高，有时会降低。一个陈腐的真理是：我们并不把经常不断享受的东西感觉为幸福，并加以珍重；另一个陈腐的真理是：为了认识某种东西是幸福，最好我们先丧失这种东西；我们有了某种东西，就能真正幸福，虽然我们不认识它也不注意它。这样的幸福首先是健康。对于一个健康者说来，健康是毫不足奇的，是当然的，是不值得注意和重视的，而实际上它却是其他一切幸福的前提条件。没有财产(不问这种财产是由自己的劳动而来，或由资本即被蓄积的他人劳动而来)，健康只是一种健康的饥饿的可悲的能力。但是，如果一个除了自己的手或头以外说不出其他任何东西是自己的赤贫者，一旦病了，或开始感觉不舒适，啊！你看，原来极少受重视的健康会怎样立刻在人生幸福中抬高自己的地位，会怎样变成超越其他一切幸福的幸福，变成最高的幸福！赤贫者会激动地大声说："我将永远不再抱怨自己的贫穷，抱怨贫穷给我带来的无数苦难！只要你——健康——和我在一起，有了你，我的劳动能力就会重新发挥作用，那时我就会有为了过幸福的日子所需要的一切！"

第四辑
过程的精神意义

是的,我将试着去成为。因为我相信不去生存是傲慢的。

——安东里奥·波齐亚

第四辑　过程的精神意义

孩 子

〔丹麦〕克尔凯郭尔

婴儿的诞生可以产生不同效果，以宗教的方式来看待婴儿的诞生是最为美好的，并且这种方式能很好地同其他方式统一起来。

每个孩子的头上都有一个光环，每个父亲都会感到他欠孩子的比孩子欠他的更多，而且他们谦卑地感到孩子是希望，而他自己即使是用最好的话来形容也只是一个继父。没有感受到这一点的父亲徒劳地保持着父亲的形象。让我们摆脱这些无道理的激动吧，但我们也不能追随孩子的任性，因为孩子要保证完成不可能的任务。

孩子是世界上最伟大最重要的，而当人们最初接受他的时候，他是最无意义和最不重要的。如果知道一个人在这方面的想法，你就有机会深入观察这个人。如果一个人想到婴儿的权利是成长为人时，可怜的婴儿的诞生在他看来就是个喜剧；而如果一个人想到婴儿哭喊着来到了世界上，很长时间里他只会哭叫，甚至没有人能够理解这个婴儿的哭叫，婴儿的诞生在他看来就是一个悲剧。就是说，婴儿的诞生可以产生不同效果，以宗教的方式来看待婴儿的诞生是最为美好的，并且这种方式能很好地同其他方式统一起来。至于你——你的确很钟爱可能性，因为我丝毫不怀疑你的好奇又懒散的心灵在窥视着这个世界，然而对孩子的看法在你那里一定引不起愉悦的结果。你的厌恶情绪自然可以归因于这一事实，即你只想拥有你可以控制的可能性。你愿像孩子们在黑暗的房间里等待圣诞树的显现那样期待着可能性，但孩子显然是一种非常不同的可能性，他是一种严肃的可能性，所以你几乎不会有耐心容忍他。然而，孩子们是幸运的。一个人应该以极度的严肃性来思考他为孩子承担的责任，这才是正当的，

如果他有时忘记了：这不仅仅是一种加于他的责任，而且也是一种赐福，是冥冥中的上帝在摇篮中放下的赠品，那么这个人的心灵既没有敞开通向审美之门，也没有敞开通向宗教情感之门。一个人越是深信孩子们是幸运的，他所必须克服的冲突就越少，他在保护婴儿合法地具有唯一宝物方面的犹豫就越少，因为是上帝给予了婴儿这一权利——婴儿是最美丽、最具审美力、最具宗教性的。

童 年

〔印度〕泰戈尔

我每天傍晚听波罗吉沙尔讲格里蒂达斯改写的共有七章的《罗摩衍那》史诗故事。

我从小习惯于尽量少吃食物，但不能说我少吃了身体就瘦弱。比起食量大的孩子，我力气大而不是小。我健康得可恶，想逃学逃不成，苦恼极了。折磨身体，照样不生病。一整天脚穿被水泡湿的鞋子，也不着凉感冒。秋天睡在露天凉台上，露水濡湿头发、衣服，嗓子眼里仍听不见咳嗽的动静。我从未出现消化不良之类的征兆。实在想逃学，只得对母亲撒谎说肚子痛得不行。母亲心中暗笑，未露出一丝忧愁的表情。她将仆人叫去，吩咐说："去，告诉家庭教师，今天不必上课了。"

我那位守旧的母亲认为，儿子旷几节课，学业不会有损失。假如我落到那些望子成龙的严厉母亲手里，送回学校自不待言，耳朵也少不得被拧几下。

我母亲有时微微一笑，让我喝一口蓖麻油了事。生病在我一向是件乐事。偶尔发烧，家里人不说是发烧，而说身子有些热。于是请来郎中尼勒麦达巴。我那时还没有见过体温表。他摸摸我的额头，开出第一天的处方：吞一口蓖麻油，禁食。给我喝的水也很少，而且是开水。禁食后的第三天，吃的泡饭，喝

的鱼汤，如同琼浆玉液。

我记不起发高烧是什么滋味。我从未患过疟疾，也未服过奎宁。泄药的王国里，只有蓖麻油。我身上未落下一块伤痕或疮疤。我至今不晓得什么叫麻疹、水痘。我的身体结实得近于顽固。如今的母亲想让孩子不得病，逃不出老师的手掌心，最好雇用波罗吉沙尔这样的仆人。既省医药费，又省伙食费，尤其是在掺假的机磨面粉和酥油盛行于市场的今天。

当年的市场上没有巧克力出售，只有一分钱一块的玫瑰芝麻糖。我不知散发着玫瑰香味的芝麻糖现在粘不粘孩子们的口袋，但确信它已羞惭地逃离显贵们的邸宅了。那一包包油炸米花，那便宜的方块芝麻糖如今在哪儿？这些零食还有人做吗？如果没有，也不会有人费力考证，重新挖掘它的制作过程了吧。

我每天傍晚听波罗吉沙尔讲格里蒂达斯改写的共有七章的《罗摩衍那》史诗故事。名叫莎吐姬的女孩复习了一会儿功课也来听故事。《罗摩衍那》中的说唱词，波罗吉沙尔拖腔带调地背得下来。他端坐在席子上，将格里蒂达斯抛到九霄云外，绘声绘色地表演：啊，出现了预兆。啊，凶兆，凶兆，大事不好！……他面带笑容，秃顶闪闪发亮，儿歌般的唱词，像清泉汩汩流出他的喉咙。每行的韵脚铿锵有力，像敲击水下的卵石。唱着，唱着，就手舞足蹈起来，将听众引入故事情境之中。

让爱美的天性常在

〔美国〕雷切尔·卡森

<u>我真诚地相信，对于儿童及力求引导儿童的父母来说，感觉远比知识更为重要。</u>

儿童的世界新奇而美丽，充满惊异和兴奋。可是，对我们多数人来说，等

不到成年，这种锐利的目光，爱一切美丽的和令人敬畏的事物的天性，就已经迟钝，甚至丧失殆尽，这真是我们的不幸。据说有一位善良的仙女主持所有儿童的洗礼。假如我能对她有所影响，我倒想向她提个要求，请她赋予世间儿童以新奇感——无可摧毁、能伴随他们终身的新奇感——并使它成为万灵的解药，有了它，他们在以后的岁月里就会永远陶醉在新奇之中，不致产生厌倦感，不致徒劳地全神贯注于人为的虚假事物，不致脱离力量的源泉。

假如一个儿童没有仙女的赏赐而要保持他天生的新奇感，他至少需要有一个能与他共享新奇感的成年人为伴，并且跟他一起不断发现我们生活的这个世界的一切欢乐、刺激和神秘。做父母的常有力不从心之感，他们一方面要满足孩子那感觉灵敏而又急于求知的心灵，另一方面复杂的物质世界又使他们感到难于应付，这个世界的生活形形色色，他们自己都感到生疏，好像没有理出头绪、弄个明白的希望。他们自己先泄了气，喊道："我哪能教我的孩子认识大自然！啊，我连两只鸟都分辨不清楚！"

我真诚地相信，对于儿童及力求引导儿童的父母来说，感觉远比知识更为重要。如果说事实等于种子，以后会萌发知识和智慧，那么，激情以及感官得到的印象就等于是肥沃的土壤，种子离开它将无法生长。童年早期是准备土壤的时期。一旦唤起了种种感情——美感、对新鲜事物和未知事物的兴奋感、同情心、恻隐之心、钦羡之情、爱慕之心——那么，我们就希望获得关于引起感情反应的事物的知识。而这种知识一旦获得，就具有深远的意义。为孩子的求知欲铺路，比像喂食似的规定孩子吞下他吸收不了的事实更为重要。

第四辑　过程的精神意义

哲学的萌芽

〔德国〕卡尔·雅斯贝尔斯

偶然间，她想到一切事物都在变化着、流逝着、消亡着，就好像它们从不曾有过似的。

一个孩子在听别人讲述世界是如何被创造出来的故事："开始的时候，上帝创造了天和地……"这时他立刻追问："在开始之前又是什么呢？"显然，这个孩子已经意识到：问题是永无终了的，心灵是永无边界的，结论性的答案是永无可能的。

还有一个小女孩同她父亲在树林中散步，倾听她父亲讲述着小精灵们在夜晚的林间空地上跳舞的故事。小女孩说："但是，这儿并没有什么小精灵呀……"于是，她父亲将话题转向那些实在的事物。他描绘了太阳的运行，讲到究竟是太阳环绕地球还是地球环绕太阳的问题，然后又解释了地球为何是圆的，以及地球是怎样以地轴为中心而旋转……"哦，那可不是这样的，"小女孩一边跺着脚，一边说道："地球根本不动。我只相信我所看到的东西。""那么，"她父亲说："你看不到上帝，你也就不相信上帝喽。"小女孩迟疑了片刻，然后很自信地回答："如果没有上帝，我们就根本不可能在这儿了。"显然，小女孩深为存在的神奇力量所感染，她相信：万物并非通过自身而存在。她还明白，在以世间某些特定对象为基础而提出的问题与那些依赖我们整个存在而提出的问题之间，存在着某种差别。

还有另一个小女孩正在上楼去看望她的姨妈。偶然间，她想到一切事物都在变化着、流逝着、消亡着，就好像它们从不曾有过似的。她自思自忖道："不过，世界上一定有些事物是始终不变的……我正上楼去看姨妈——这件事是

我永远不会忘记的。"显然，这个小女孩对于事物普遍的转瞬即逝性在她心灵中引起的惊讶和恐惧，表现了一种遁逃的无奈心理。

有时，人们会说，孩子们一定是从他们的父母或其他人那儿听来的。但是，这种看法显然不能适用于孩子们提出的那些真正具有严肃性的问题。如果有人坚持认为这些孩子以后不会再进行哲学探讨，因而他们的言论不过是些偶发之词，那么这种强词夺理就忽视了这样的事实：孩子们常具有某些在他们长大成人之后反而失去的天赋。随着年龄的增长，我们好像是进入了一个由习俗、偏见、虚伪以及全盘接受所构成的牢笼，在这里面，我们失去了童年的坦率和公正。儿童对于生活中的自然事物往往会做出本能的反应，他能感觉到、看到并追寻那些即将消失在他视野中的事物。然而，他也会忘记那些曾经显露在他眼前的事物，因而后来当成人把他曾经说过的话，以及他曾经提过的问题，告诉他时，他自己也感到诧异。

青　春

〔英国〕赫兹里特

我们天真地自夸：我们跟生存的短暂联系是不可分割的、永恒的结合——一种既没有冷淡、冲突、也没有分离的蜜月。

眼前的景物简直看也看不完，随着我们前进的步伐，新的事物更是层出不穷，所以在生命开始的时候，我们对自己的种种爱好并不加以限制，而且一有机会还要加以满足。这时我们还没有碰到障碍，也没有厌倦的情绪，仿佛一切可以永远照此下去。我们环顾四周，看见一个生机勃勃、不停运动、前进不已的新世界。我们觉得浑身都是干劲和精神，要和这个世界并驾齐驱，而根据眼前的征兆还根本无法预见这样的情况，即按照事物发展的规律，我们将被抛在后面，逐渐进入暮年，最后掉进坟墓。正因为青春时期的单纯，仿佛感觉是处于茫然状态中（姑且这样说吧），所以我们就把自己跟自然等同起来，并且（由于经验不多，情感强烈）还自我欺骗，以为自己跟自然一样是永恒不朽的。

我们天真地自夸：我们跟生存的短暂联系是不可分割的、永恒的结合——一种既没有冷淡、冲突，也没有分离的蜜月。像婴儿的微笑和安睡一样，我们躺在荒诞幻想的摇篮里被摇来摇去，听着周围世界的喧嚣，睡得安安稳稳——我们举起生命之杯，大口喝着，怎么也喝不完，反而越喝越多——各种事物从四面八方纷至沓来，围绕着我们，它们的重要性占据了我们的心，促使我们产生一连串期待中的欲望，所以没时间想到死。那样丰富多彩的生活，我们不可能一下子就变成尘土灰烬，我们无法想象"这有知觉、有温暖的、活跃的生命化为泥土"——周围白日梦的光辉照花了我们的眼睛，因而瞧不见那黑森森的坟墓。我们看不见终点，正如看不见起点一样：起点完全消失在遗忘和空虚里，而终点则被匆匆来临的大量事件遮掩着。或者我们能看见无情的阴影在地平线上徘徊，而要追赶它，注定是办不到的；或者它那最后的、若隐若现的轮廓接近了天国，就带着我们升天！生命一旦掌握了我们，就决不允许我们的思想离开眼前的事物和追求，即使我们要那样做也办不到。还有什么东西比疾病更能反对健康？比衰退和瓦解更能反对力量和优美？比默默无闻更能反对积极求知呢？更没有任何占优势的东西能挡住死的降临，嘲笑死的威胁无用。什么地方出现威胁，什么地方就产生希望，希望就用面纱把所有突然终止的宝贵计划都掩盖起来。在青春的精神遭受损害，而"生命的美酒已经喝完"以前，我们就像醉酒汉或发烧病人那样，被强烈的感官所驱使，急匆匆地往前奔跑。

老之将至

〔英国〕罗素

对于那些具有强烈爱好、其活动又都恰当适宜、并且不受个人情感影响的人们，成功地度过老年绝非难事。

关于健康，由于我这一生几乎从未患过病，也就没有什么特别的忠告。我吃喝都随心所欲，醒不了的时候就睡觉。我做事情从不以它是否有益于健康为根据，尽管实际上我喜欢做的事情是有益于健康的。

从心理角度讲，老年需防止两种危险。一是过分沉湎于往事。人不能生活在回忆当中，不能生活在对美好往昔的怀念或对去世友人的哀念之中。人应当把心思放在未来，放到需要自己去做点什么的事情上。要做到这一点并非轻而易举，往事的影响总是在不断地增加。人们总认为自己过去的情感要比现在强烈得多，头脑也比现在敏锐。假如真的如此，就该忘掉它。而如果可以忘掉它，那你自以为是的情况就可能并不是真的。

另一件应当避免的事是依恋年轻人，期望从他们的勃勃生气中获取力量。子女们长大成人之后，都想按照自己的意愿生活。如果你还像他们年幼时那样关心他们，你就会成为他们的包袱，除非他们是异常迟钝的人。我不是说不应该关心子女，而是说这种关心应该是含蓄的，假如可能，还应是宽厚的，而不应该过分感情用事。动物的幼子一旦自立，大动物就不再关心它们了。人类则因其幼年时期较长而难于做到这一点。

我认为，对于那些具有强烈的爱好、其活动又都恰当适宜、并且不受个人情感影响的人们，成功地度过老年绝非难事。只有在这个范围里，长寿才真正有益；只有在这个范围里，源于经验的智慧才能不受压制地得到运用。告诫已

经成人的孩子别犯错误是没有用处的，因为一来他们不会相信你，二来错误原本就是教育所必不可少的要素之一。但是，如果你是那种受个人情感支配的人，你就会感到，不把心思都放到子女身上，你就会觉得生活很空虚。假如事实确是如此，那么当你还能为他们提供物质上的帮助，比如支援他们一笔钱或者为他们编织毛线外套的时候，你就必须明白，绝不要期望他们会因为你的陪伴而感到快活。

白首之心

〔英国〕乔治·吉辛

曾经魅惑过我们的地方，或是在回忆中似乎曾吸引过我们的地方，一般说来最好只在幻想中重游。

我太老了，生活习惯已经定型。我不喜欢坐火车，也不喜欢住旅馆。如果离开我的藏书室、花园和窗外的风景，我真会患思乡病。而且，我有一种恐惧：怕死在异乡，而不是死在自己的家里。

曾经魅惑过我们的地方，或是在回忆中似曾吸引过我们的地方，一般说来最好只在幻想中重游。我说似乎魅惑过我们，因为对于自己曾经留恋过的地方，我们的记忆经过了相当时间后，往往和当初得到的印象只有轻微的相似。那些事实上极为一般的赏心乐事，或那些受内心情绪与外界环境很大影响的乐趣，随后回忆起来，显得分外欢乐，或显得分外深切。在另一方面，若是记忆不能创造幻象，而某些地方的名字又与生命中某个黄金时刻联系在一起，要想在再一次访问中重获过去的感受，那是一种鲁莽的想法。因为看到的景物并不是引起欢乐与宁静的唯一原因，无论那个地方多么可爱，无论那儿天空多么灿烂，这些外界事物并不足以使人心中快乐，只有作为一个人的基本要素的心灵激动

时，才能得到快乐。今天下午，我在读书时，我的思想开了小差，我发现自己在回忆着沙福尔克的山丘。20年前仲夏的一天，走了一段长路后，我坐在那儿休息，昏昏欲睡。一种强烈的渴望抓住了我，我想立即出发，再找到那高高榆树下的地方。在那儿，我含着烟斗，从容吮吸，听得见周围金雀花的花荚在正午艳阳下裂开，劈劈啪啪地响。如果凭着这种冲动行事，我有什么机会重享我记忆中所珍藏的那一时刻的乐趣呢？不，不，我所记忆的并不是那个山丘，而是那个生命的时刻。我能否梦想在同一山边，在同样的艳阳天吸着烟斗，就能尝到当时那种乐趣，或获得同样的安慰呢？我脚下的草皮会和当时一样柔软吗？大榆树的枝叶会那样愉快地隔开照耀其上的正午阳光吗？当休息时间过去，我会像从前那样跳跃而起，急于再次使出我的力量吗？不，不，我所记忆的只是我早期生命的一个时刻，偶然地与沙福尔克的风景画面联系在一起。这个地方不复存在了，除了对于我之外，它永远也不存在了。我们的心灵创造了世界，纵使我们肩并肩地站立在同一片草地上，我的眼睛绝看不到你所看到的一切，我心中的感受也决不会与你相同。

两条路

〔德国〕让·保尔

<u>他虔诚地感谢上苍，时光仍然是属于他自己的。他还没有堕入漆黑的深渊，尽可以自由地踏上那条正路。</u>

新年的夜晚。一位老人伫立在窗前。他悲戚地举目遥望苍天，繁星宛若玉色的百合漂浮在澄静的湖面上。老人又低头看看地面，几个比他自己更加无望的生命正走向它们的归宿——坟墓。老人在通往那块地方的路上，也已经消磨掉60个寒暑了。在旅途中，他除了有过失和懊悔之外，再也没有得到任何别的

东西。他老态龙钟、头脑空虚、心绪忧郁，并被一把年纪折磨着。

年轻时代的情景浮现在老人眼前，他回想起庄严的时刻，父亲将他置于两条道路的入口——一条路通往阳光灿烂的升平世界，田野里丰收在望，柔和悦耳的歌声四方回荡，另一条路却将行人引入漆黑的无底深渊，从那里涌流出来的是毒液而不是泉水，蟒蛇到处蠕动，吐着舌箭。

老人仰望昊天，苦恼地失声喊道："青春啊，回来！父亲啊，把我重新放回人生的入口吧，我会选择一条正路的！"可是，父亲以及他自己的黄金时代都一去不复返了。

他看见阴暗的沼泽地上空闪烁着幽光，那光亮游移明灭，瞬息即逝。那是他轻抛浪掷的年华。他看见天空中一颗流星陨落下来，消失在黑暗之中，那就是他自身的象征。徒然的懊丧像一支利箭射中了老人的心脏。他记忆起了早年和自己一同踏入生活的伙伴们：他们走的是高尚、勤奋的道路，在这新年的夜晚，载誉而归，无比快乐。

高耸的教堂钟楼鸣钟了，钟声使他回忆起儿时双亲对他这浪子的疼爱。他想起了困顿时父母的教诲，想起了父母为他的幸福所作的祈祷。强烈的羞愧和悲伤使他不敢再多看一眼父亲居留的天堂。老人的眼睛黯然失神，泪珠儿泫然坠下，他绝望地大声呼唤："回来，我的青春！回来呀！"

老人的青春真的回来了。原来，刚才那些只不过是他在新年夜晚打盹儿时做的一个梦。尽管他确实犯过一些错误，眼下却还年轻。他虔诚地感谢上苍，时光仍然是属于他自己的，他还没有堕入漆黑的深渊，尽可以自由地踏上那条正路。进入福地洞天，丰硕的庄稼在那里的阳光下起伏翻浪。

依然在人生的大门口徘徊逡巡，踌躇着不知该走哪条路的人们，记住吧，等到岁月流逝，你们在漆黑的山路上步履踉跄时，再来痛苦地叫喊，"青春啊，回来！还我韶华！"那只能是徒劳的了。

固定的震慑

〔英国〕劳伦斯

<u>我们知道，用我们的灵与肉的全部力量来执行死亡意味着什么。我们知道什么叫完成死亡的活动。</u>

我们必须选择生，因为生决不会强迫我们。我们有时候甚至根本不能选择，对死亦然。然后，生命再一次与我们同在，使人感到有一种温和的安宁。但我们最终可能会断然否认这种安宁，因此我们断无安宁可言。我们可能会完全排斥生活并最终拒斥自己。除非我们将自己的意志支付给生命之流，否则，我们就是毫无生命的尤物。

如果一个人除了死别无选择，那么，死亡就是他的光荣、他的满足。如果他的不满和抵抗都是冷漠的，那么，冬天就是他的命运、他的真理。为什么一定要诱骗或威胁他去发表生的宣言？就让他去全心全意地宣告死亡，让每个人都去寻找自己的灵魂，并从中发现他的生命是急速地趋向生或是死，当他找到了以后，就让他自由行动，因为天下最大的痛苦莫过于谎言。如果一个人属于不可逆转的死亡之路，那么，他至少可以心满意足地去遵循这条道路。但我们不会将这称为安宁，在剧烈而美味的毒药中获得的满足与顺从自我满足的谦卑和安宁的真正自由之间有着天壤之别。安宁存在于我们接受生命之时，当我们接受死亡时，有一种和安宁相对应的无望，那就是沉寂和顺从。

生命不能打破固执己见的意志，死亡却做到了。死亡强迫我们，不给我们以任何选择。任何比较都是死亡，不是其他而是死亡。

对生命，我们必须放弃自己的意志，默认它并与它一致。如果我们兀自站立，我们将被排斥，被从生活中驱赶出去，生命的服务是自觉自愿的。

第四辑　过程的精神意义

在生命与宗教的关系中已经发生了逆转。这似乎有点不那么现实，就像奇迹一样不十分可信，但事实上，从根本上说，这种现象是很自然的，它是我们的最高荣誉。我们知道，用我们的灵与肉的全部力量来执行死亡意味着什么，我们知道什么叫完成死亡的活动。我们已经把自己全部的灵与肉投入到制造死亡的发动机、死亡机构和死亡发明物之中。我们想迫使任何人从事死亡活动，我们想在一个巨大的死亡合唱中包围世界，不让任何东西逃跑。我们充满了强迫性的疯狂，我们的坚固的意志已经同强迫，同死亡的巨大发动机协调一致了。

可见，我们的基本存在已经显现。不错，我们的旗帜上公开地写着安宁，但不能让我们因为躺下而退化。死亡的威力震慑我们全身，已经在我们身上聚集了100年。对死的激情早在我们的父辈那儿就开始累积起来了，它一代一代地滋生，越来越强。在我们的内心，大家都必须承认这一点。

他人之死

〔奥地利〕弗洛伊德

如果我们不能在生活的游戏之中，对生活孤注一掷，生活就会显得贫乏、毫无意义、平淡而肤浅。

如果别人对自己不坏，文明人是不会谈论甚至想到让别人死亡的，除非他是一个以同死亡打交道为职业的医生、律师或者类似的人。如果他人之死会给自己带来自由、金钱、地位方面的好处，文明人更不会谈论这人的死。当然，我们对死亡的这种敏感仍无力捉住死神之手。当死神之手落下之时，我们在感情上会受到震动，仿佛我们完全被打垮了。于是，我们习惯于强调死亡的偶然性——事故、疾病、感染、衰老，这种习惯暴露了我们修正死的含义的努力，将必然性修改为偶然性。众多人同时死去对我们来说特别可怕。我们对死者采

取了一种特殊态度，就像是向某个完成了特别困难任务的人表达敬意一样。我们对死者的评价往往也是扬长避短，提出这样的要求：对于死者宜隐恶而扬善。因而无论在悼词中还是在墓碑上，只写下对怀念者有利的话语，这似乎也是理所应当的。死者已不需什么尊敬，但在我们看来，对死者的尊敬比对真理的崇敬更为可贵，甚至胜过对生者的尊敬。

　　文明人这种惯常的对死的态度在自己心爱的人——妻儿、兄弟、姐妹、亲朋好友——死去的时候，达到了高潮。此时，我们往往痛不欲生，我们的一切希望、自尊、快乐都随着死者进入了坟墓，任何事情都不能给我们以安慰，任何东西都不能弥补爱人之死给我们造成的损失。这种行为表明，我们似乎也像阿什拉部族的原始人一样，心爱的人死去，自己也必须跟着死去。

　　我们对死亡的这种态度深深影响着我们的生活。如果我们不能在生活的游戏之中，对生活孤注一掷，生活就会显得贫乏、毫无意义，平淡而肤浅。这正像美国人的调情一样，从一开始双方就知道，一切都会十分顺畅。这样的调情与欧洲大陆式的谈情说爱刚好形成对照。在欧洲大陆，谈情说爱的双方一开始就必须记住引起爱情的严重后果。我们易于受到感情的束缚，人死之后，往往悲痛欲绝。这使我们不愿意想到自己会有危险，也不愿设想同自己有关的人会遭到什么不幸。我们不敢从事带有危险性然而又是必须做的工作，诸如在空中飞行，远征到他国，实验爆炸物等等。我们不敢设想自己会遭到不幸，因为，如果灾难降临，谁能弥补母亲失去儿子，妻子失去丈夫，孩子失去父亲这样重大的损失？我们总是从一切事情中排除死亡，也随之排斥了很多别的东西。

第四辑　过程的精神意义

精神的诞生

〔俄国〕列夫·托尔斯泰

> 对还没有经历过动物性躯体和理性意识的内在矛盾的人来说，理智的阳光仅仅是感伤的神秘词语，只是毫无意义的偶然现象。

"你们应当重新诞生。"基督说。并非有人命令人诞生，但是人不可避免地要被导致到这上面去，为了获得生命，他需要在今世中重新诞生——生出理性意识。

人被赋予理性意识是为了使人把自己的生命投入到理性意识向他揭示的幸福中。谁把自己的生命投到这个幸福中，谁就获得了生命；谁不把生命投放到这个幸福中，而是投放到动物性躯体的幸福中，谁就自己把自己的生命剥夺了。

承认人的生命只是追求个人躯体幸福的人是听到了这些话的，他们也不是不承认这些话，而是不能理解它们。他们觉得这些话或者是毫无意义，或者有意义的东西很少，意味着某种故意装出来的感伤的、神秘的情绪。他们不能理解这些话的意义，因为这些话解释的是他们达不到的那种状态，正像干燥的、没有萌芽的种子是不能理解潮湿的、已经发芽破土的种子状态一样。对于干燥的种子来说，照射着将诞生生命的种子的太阳，无非是一种没有意义的偶然现象——多一些热和光而已，但是对于已经抽芽的种子来说，太阳却是诞生生命的重要原因。人也是这样，对还没有经历过动物性躯体和理性意识的内在矛盾的人来说，理智的阳光仅仅是感伤的神秘词语，只是毫无意义的偶然现象。太阳只引导那些已经有生命萌芽的人走向生命。

那么生命是怎样诞生的？它为了什么，在什么时间，在什么地方诞生？它是否不仅在人身上，还在动物、植物身上？对于这一切，任何人在任何时候都是不

了解的。耶稣基督在谈到人的生命诞生时说，任何人都不知道这个，也不可能知道这个。

　　的确，人怎么能知道生命是怎样在他身上诞生的呢?生命是人的光明，生命就是生命，是一切的开始，而人又怎能知道生命是如何诞生的呢?对人来说那种被诞生和死亡的东西并不是生活着的东西，而是在空间和时间上出现的东西。生命，真正的生命永远存在着，因而对于人来说它不能生，也不能死。

第五辑
隐藏宇宙的心

当命运微笑时,我也笑着在想:她很快又要蹙眉了。

——培 根

珍爱光明

〔美国〕海伦·凯勒

<u>四季的变换就像一幕幕令人激动的、无休无止的戏剧，它们的行动从我的指间流过。</u>

我经常这样想，如果每一个人在他的青少年时期都经历一段瞎子与聋子的生活，将是非常有意义的事。黑暗将使他更加珍惜光明，寂静将使他更加喜爱声音。

我经常考查我那些有视力的朋友们，问他们看到了什么。最近，我的一位好友来看我，她刚从森林里散步回来，我问她都看到了些什么。她回答说："没有看到什么特别的东西。"如果我不是习惯听这样的回答，那我一定会对它表示怀疑，因为我早就相信，眼睛是看不见什么东西的。

我常这样问自己，在森林里走了一个多小时，却没有发现什么值得注意的东西，这怎么可能呢？我这个有目不能视的人，仅仅靠触觉都能发现许许多多有趣的东西。我感到一片娇嫩的叶子的匀称，我爱抚地用手摸着白桦树光滑的外皮，或是松树粗糙的表皮。春天，我满怀希望地在树的枝条上寻找着芽苞，寻找着大自然冬眠后醒来的第一个标志。我感觉到鲜花那可爱的、天鹅绒般柔软光滑的花瓣并发现了它那奇特的卷曲。大自然就这样向我展现千奇百怪的事物。偶尔，如果幸运的话，我把手轻轻地放在一棵小树上，就能感觉到小鸟放声歌唱时的欢蹦乱跳。我喜欢让清凉的泉水从张开的指间流过。对于我来说，芬芳的松叶地毯或轻软的草地要比最豪华的波斯地毯更可爱。四季的变换就像一幕幕令人激动的、无休无止的戏剧，它们的行动从我的指间流过。

有时，我在内心里呼唤着，让我看看这一切吧。仅仅摸一摸就给了我如此

第五辑　隐藏宇宙的心

巨大的欢乐，如果能看到，那该是多么令人高兴啊！然而，那些有视力的人却什么也看不见，那充满世界的绚丽多彩的景色和千姿百态的表演，都被认为是理所当然的。人类就是有点奇怪，对已有的东西往往看不起，却去向往那些自己所没有的东西。这是非常可惜的，在光明的世界里，将视力的天赋只看做是为了方便，而不看做是充实生活的手段。

时间的价值

〔加拿大〕罗·威·塞维斯

如果我们让生命的早晨滑了过去而未加利用，我们将永远无法弥补这损失。

俗话说："时间就是金钱。"这就是说，一时片刻只要用得有效，都会使你的口袋里增加一些钱。如果我们的时间使用得当，就能生产有用的和重要的产品，在市场上卖得一定的价钱，或者充实经验，增长才干，有了适当时机我们就能挣钱。因此毫无疑问时间可以转化为金钱，让那些对浪费时间满不在乎的人记住这一点，让他们记住，浪费一小时等于损失一张钞票，而利用一小时就等于得到若干金银。这样，他们想浪费时间时或许会三思而后行。

再说，我们的生命无非就是我们活在人世的时间，因此浪费时间也就是一种自杀。我们想到死未免极感不快，因而不惜一切努力、麻烦和费用以求得保全生命。可是我们对于损失一个钟头或者一天时间却往往漠不关心，忘记了生命原本就是我们生活的每一天、每一小时的总和。因此浪费一天或一小时就是丧失一天或一小时的生命。让我们记住这一点，这样我们就会把浪费时间看做一种罪过，跟自杀一样应该受到惩罚。

还有第三层考虑，也会提醒我们别浪费时间。人生短暂，总共不过六七十年，可是将近一半时间必须用于睡眠；吃饭时间加起来也得几年工夫；穿衣脱

115

衣又是几年；水路陆路旅行又是几年；再加上几年娱乐时间——不论是为自己还是为别人；几年宗教节日和社会节日的庆祝活动；我们的近亲至亲病了，侍奉汤药也得几年工夫。如果从我们的寿数中减去所有那些岁月，我们将发现，能让我们用于有效工作的时间，大概是十五或二十年的光阴。谁能记住这一点，就不会心甘情愿地浪费他生命的每时每刻了。

所有的时间都是宝贵的，而童年和青年时期的时间比一生的其他阶段更为宝贵，因为只有在那两个阶段我们才能获得知识并发展才能。如果我们让生命的早晨滑了过去而未加利用，我们将永远无法弥补这损失。等我们长大了，获得知识的能力就变得迟钝了，因此在童年和青年时期未能得到的知识或技能将永远不能再获得了。正如将钱投资生息，到时候就变成两倍三倍，童年和青年时期的宝贵光阴，如果用得得当，将产生无可估量的利益。从道德的观点看，恰当地利用时间对我们也有很大的好处。懒惰是心灵生的锈，懒人的头脑是撒旦的作坊，这话说得有理。错误大多数是无所事事、百无聊赖所致。

生与死

〔意大利〕达·芬奇

当我想到我正在学会如何生活的时候，我已经学会如何去死亡了。

啊，你睡了。什么是睡眠？睡眠是死的形象。为什么不让你的工作成为这样：死后你成为不朽的形象；就像活着的时候，你睡成了不幸的死人。

每一种灾祸在记忆里留下悲哀，只有最大的灾祸——死亡，不是这样。死亡令记忆和生命一同毁灭。

正像劳累的一天带来愉快的睡眠一样，勤劳的生命带来愉快的死亡。

当我想到我正在学会如何生活的时候，我已经学会如何去死亡了。

时光飞逝，它偷偷地溜走，而且相继蒙混。再没有比时光易逝的了，但谁播种道德，谁就收获荣誉。

　　废铁会生锈；死水会变得不清洁，在冷空气里还会冻结；懒惰甚至会逐渐毁坏头脑的活力。

　　勤劳的生命是长久的。

　　河川之水，你所触到的前浪的浪尾也就是后浪的浪头。因此，你要珍惜现在的时间。

　　人们错误地痛惜时间的飞逝，抱怨它去得太快，却看不到那一段时期并不短暂。而自然所赋予我们的好记忆使过去已久的事情如同就在眼前。

　　我们的判断不能按照事情的精确顺序推断不同时期的事情。因为发生在许多年前的许多事情和现在仿佛是密切关联的，今天的许多事情到我们后辈的遥远年代将被视为邈古。对眼睛来说也是如此，远处的东西因为被太阳光照射仿佛就近在眼前，而眼前的东西却仿佛很远。

　　啊，时间！你销蚀万物！啊，嫉妒的年岁，你摧毁万物，而且用尖利的牙齿一年一年地吞噬万物，一点一点地、慢慢地叫它们死亡！海伦，当她照着镜子，看到年月在她脸上留下憔悴的皱纹时，她哭泣了，而且不禁沉思：为什么她竟被两次带走。

　　啊，时间啊，你耗蚀万物！啊，嫉妒的年岁，万物因你而消逝！

圆心与圆周

〔英国〕雪莱

　　他只在"未来"与"过去"中存在。无论他真正的、最终的归宿如何，在他心中永远存在着一个精灵，与虚无、死亡为敌。

什么是人生?我们的思想与情感有意识地或无意识地都会在脑海中涌现,而我们运用言辞来表达它们。我们降临到世间,然而,呱呱坠地的时刻早已被我们淡忘,婴孩时代不过是记忆中破碎的残片。我们活下来了,可在生活中,我们失去了对生活的领悟。如果以为通过我们的言辞就能洞穿人生的秘密,这是何等狂妄自大! 的确,言辞倘若运用得当,能使我们明白自身的无知,不过仅此而已,而这已足人愿了! 因为,我们无法回答:我们是谁?我们从哪里来?我们要到哪里去?降临世间是否即为存在之始,而死亡是否即为存在之终?诞生是什么?死亡又是什么呢?

精密抽象的逻辑学,抹去了涂在人生表面的那层油彩,为我们展现出一幅惊心动魄的人生画面。然而,面对如此惊心动魄的画面,人们却已经习以为常,只感到它年复一年,周而复始。有哲学家宣称,只有被感知的事物才存在。我承认,我自己就是这一学说的赞同者。

然而,由于这一论断与我们固有的信念背道而驰,我们固有的信念便千方百计地与它抗衡。在我们心悦诚服之前,我们的脑海里早已有这样一种定论,外在世界是由"梦幻的物质"构成。通俗哲学这种荒谬绝伦的意识观与物质观,在伦理道德观念上产生了致命的后果。这一切以及这种哲学在万物本原问题上极端的教条主义,曾使我一度陷入唯物论。这种唯物论对于年轻肤浅的心灵是富有诱惑力的体系。它允许信徒谈论,却"豁免"了其思索权。不过,我所不满足的是它的物质观。我以为:人是志存高远的存在,他"前见古人,后观来者",他的思想,徜徉于永恒之中,与倏忽无常、瞬息即逝无缘。他无法想象万物的湮灭;他只在"未来"与"过去"中存在。无论他真正的、最终的归宿如何,在他心中永远存在着一个精灵,与虚无、死亡为敌。这是一切生命、一切存在的特征。每一个生命与存在既是圆心,同时又是圆周。既是万物所指向的点,又是包含万物的线。这种观念为唯物论及通俗哲学的物质观、意识观所不容,然而,它与智力体系却是相投的。

第五辑　隐藏宇宙的心

生命力

〔英国〕毛姆

<u>大多数人不大有想象力，他们感受不到富于想象力的人觉得无法忍受的坎坷境遇。</u>

生命力是非常活跃的。生命力带来的欢愉可以抵消人们面临的一切艰难困苦。它使生活值得过，因为它在人的内部起作用，用它的辉煌火焰向每个人的处境投射光明，所以无论人怎样难以忍受，还是忍受得了生活。悲观主义的产生往往是由于你设身处地想象别人的感受。这就是小说所以那么不真实的多种因素之一。小说家以他的私人小天地为素材，创造出一个公众的世界，把他自己特有的敏感性、思维能力和感情力量加在他想象的人物身上。大多数人不大有想象力，他们感受不到富于想象力的人觉得无法忍受的坎坷境遇。

以私生活不受干扰为例。极贫困的人习以为常，根本不以为意，而我们对此却非常重视，最怕私生活受到干扰。他们嫌恶独处，和人群在一起使他们感到踏实。每一个跟他们居住在一起的人都会注意到，他们不大妒羡富裕的人。事实是，我们认为必不可少的东西，有许多他们并不需要。这是富裕者的运气。因为除非是瞎子，谁都可以看到，大城市里的无产阶级全都生活在何等的苦难和纷扰之中，多少人没有工作做，可以做的工作又是那么沉闷，他们，他们的妻子儿女，都生活在饥饿的边缘，前途是望不到头的贫穷。如果只有革命才能改变这个局面，那么让革命早日到来吧!

当我们看到，即使在今天，我们习惯于称为文明国家的社会里，人与人之间的关系是那么残酷无情，真不能轻易断言他们的生活比过去好。不过，尽管如此，我们还不妨认为这个世界总的说来比历史上过去的世界是好了些，大多

智者伴你领悟人生

数人的命运虽然不好，总不像过去那样可悲可怕。我们有理由希望，随着知识的增长，许多令人深受其苦的邪恶将被消除。尽管还有许多邪恶势必继续存在。

我们是大自然的玩物。地震将继续造成惨重灾害，干旱将使谷物枯萎，突然而来的洪水将摧毁人们精心营造的建筑物。唉，人类的愚蠢还将继续发动战争并蹂躏彼此的国土，不能适应生活的婴儿还将继续出生，结果生活将成为他们的沉重负担。世界上的人只要有强弱之分，弱者一定要被强者逼得走投无路。除非人们摆脱掉私有观念的符咒——我想那是永远不可能的——他们永远要从无力的人手里攫夺他的所有。只要人们自我完成的本能存在一天，他们就会不惜牺牲别人的幸福，恣意发挥自己的这种本能。总而言之，只要人是人，他必须准备面对他所能忍受的一切邪恶和祸患。

轻生时代

〔日本〕池田大作

人生会有风暴，也会有豪雨，还会出现暂时的失败。但深知创造之乐的生命，绝不会因此而退却。

每个人都希望使有限的一生获得最高价值。然而，在某种意义上，人的生存从未像今天这样艰难。

随着社会的发展，人类获得了长寿，但遗憾的是：对现代人来说，最重要的生命力却没有多大增长，甚至有人指出，在青年人中，已丧失了"从挫折中振作起来的力量"。还有不少人认为，现代人出现了生命力衰退的迹象。而且，自杀者的人数超过交通死亡者一倍，以此为象征，轻生的倾向日趋严重，人们为此深感不安。同时，除事故和疾病外，精神上的压抑感、疏离感、虚脱感等一类社会现象正在人们周围不断蔓延。

第五辑　隐藏宇宙的心

在当代，与"生"的力量相比，削弱"生"的力量正几倍、几十倍地增长。这绝非我个人的感觉吧，当前，最重要的是正视这样的现实，再次细细地咀嚼一下"生存"的根本意义。

据说人在临死的瞬间，一生所经历过的事情会像走马灯一样在脑海中盘旋。有的人流出悔恨的泪水，使盘旋于脑中的情景一片模糊；有的人由衷感到无上的满足，在无限欢喜中迎接人生的终结。我认为，人生成败的分界便在此分明了。

一些人尽管非常富裕或身居高位，但其一生毫无真诚可言，对这些人来说，当然没有真正的人生胜利感，想必只有痛苦的回忆吧。而另一些人不管别人如何评价，仍诚实地奋斗一生，或为某种主张、主义艰苦拼搏一生，在欢乐的心潮中迎接临终。这些人在自己的人生中取得胜利，以强有力的步伐抵达生命的终点，以其实际行动为社会、世界和宇宙的一切做出巨大的贡献，他们是毫无遗憾的。这些人生业绩将在他们心中唤起无限欣喜的激情。

人生会有风暴，也会有豪雨，还会出现暂时的失败。但深知创造之乐的生命，绝不会因此而退却。创造本身也许是一场打开沉重的生命之门的残酷战斗，可说是最艰难的工作。确实，与打开神秘的宇宙大门相比，要打开"自身的生命之门"是更为艰巨的工作。

尽管如此，这工作显示出做人的骄傲，不，应该说这就是生命的真正意义与真正的生活态度。有的人不懂得创造性生命的欢乐，我觉得没有比这更寂寞无聊的了。柏格森说过："通过努力使丰富的世界增添了某种东西将使人格更为高尚。"他的话归结成一点，那就是共同开拓，让生命变得更为丰富充实。

必 然

〔法国〕伏尔泰

<u>我们非常清楚：能否拥有许多优点和杰出才能并不取决于我们自己，就同能否拥有一头秀发和漂亮的手不取决于我们自己一样。</u>

农民认为冰雹是偶然落到他田里的，可哲学家知道没有偶然，由于世界是像目前这样构成的，冰雹不可能不在那天落到那个地方。

有些人害怕这个真理，只接受一半，就像欠债的人把一半钱还给债主，要求免掉剩下的一半那样。他们说，有必然的事件，还有其他不是必然的事件。这个世界的一部分是安排好的，另外一部分则不是，如果说发生的一切的一部分是必然发生的，另一部分则不是必然发生的，那是可笑的。当人们仔细研究这一点时，就可以看到反对命运的学说是荒谬的。可有许多人命中注定其思考能力很差，而其他人命中注定根本不需要思考，还有些人命中注定要迫害思考的人。

有些人告诉你："不要相信宿命论，因为，如果一切都显得是不可避免的，你就不会致力于任何事，你就会对一切都漠不关心，你将不会喜爱财富、荣誉和赞美；你将不想获得任何东西；你将相信自己既没有价值，也没有力量。你将不去培养才能，一切将在漠然中消失。"

不要害怕，先生们。我们将永远拥有激情和偏见，因为受偏见和激情的支配是我们的命运。我们非常清楚：能否拥有许多优点和杰出才能并不取决于我们自己，就如同能否拥有一头秀发和漂亮的手不取决于我们自己一样。我们深信不该对任何事情存有虚荣心，但我们将永远是好虚荣的。

我写这文章时必定有激情，而你，你谴责我时也有激情，我们两人同样愚蠢，同样是命运的玩物。你的本性是作恶，我的本性是热爱真理，不管你的看法如何，我都要将真理写出来。

在窝里吃老鼠的猫头鹰对夜莺说："不要在你那棵阴凉的树上唱歌了，到我的洞里来让我吃掉你。"夜莺回答说："我生来就是为了在这里唱歌并嘲笑你的。"

你问我自由意志的情况如何，我不理解你，因为我不知道你说的自由意志是什么。关于它的本质你和别人已争论了这么长时间，因此你肯定不知道它。如果你想心平气和地与我探讨它是什么，或者说如果你能够这样做，去看看字母L。

确定的命运

〔英国〕罗素

我们的伙伴前进的时候总是一个又一个地从我们的视野中消失，被全能的死亡的无声命令所捕获。

当最坚实的绳索——共同命运的绳索——将自由人和他的同类捆在一起的时候，他就发现一种新的憧憬永远和他同在，它把爱之光洒落在逐日的工作之上。人的生命是一次穿过黑夜的远征，被隐形的敌人所包围，被厌倦和痛苦所虐待。那远征导向一个目标，但是很少有人能够到达，而且也很少有人能在那目的地久久地逗留。我们的伙伴前进的时候总是一个又一个地从我们的视野中消失，被全能的死亡的无声命令所捕获。我们能帮助他们的时间很短，决定他们是幸福或是痛苦的时间也很短。让我们在他们的路上洒落阳光。让我们用同情的香膏缓和他们的痛苦，让我们给予他们永不厌倦的爱之欢乐，让我们增进他们的勇气，让我们在他们失望的时刻灌输给他们信心。我们不要认真地计较他们的长处和短处，但是让我们想到他们的需要——想到使他们生活痛苦的悲哀、困难和盲目。让我们记住他们是在黑暗中与我们一同受苦的伙伴，和我们

同时扮演悲剧的伶人。这样，当他们的日子完结的时候，当他们的善良与邪恶因过去的不朽而成为永恒的时候，我们会感到他们的痛苦和失败都不是由于我们的行为。但是当他们的心中有神圣的火光闪烁的时候，我们曾经给他们鼓励和同情并且向他们说过勇敢的话语。

　　人的生命是短暂而无能的。徐缓但确定的命运落在他和他的同类身上，无情而黝黑。命运无视善良，对毁坏也漠然，它只是在无情的路上滚着。人今天命定了要失去他最亲爱的人，明天自己也要穿过幽暗的门。在致命的打击来到之前，他只有怀着崇高的思想使他短暂的日子变得崇高，轻视命运之奴隶的懦弱，在他亲手建筑的庙宇里崇拜。不怕偶然，使心灵不再受制于表面生活的任性暴虐，傲岸地向暂时容忍他的知识和批判的不可抗拒的力量挑战，单独支持着一个厌倦而不屈服的阿提拉斯——那个他凭自己的理想所塑造的世界，那个他不顾无知觉的力量的蹂躏而创造的世界。

选择权

〔德国〕齐美尔

　　生活事件不可抗拒地迎合已形成感受力的强大潮流，似乎它们根本无法触动这一潮流。

　　凡被称为命运的东西，不管是好运还是厄运，不仅不能为我们的理智所理解，而且有些即使被我们的生活意图所接受，但并未被彻底同化——根据整个命运结构来看，这一点符合那种令人不快的感觉，就是说，我们生活的整个必然似乎像是偶然一般。只有在艺术形式中，在悲剧中，才会出现决然对立面以及对立面的消除。因为艺术形式让人感到在偶然的最深处寄寓着必然。当然，悲剧主角往往毁灭于既成事件与生活意图的矛盾交织之际。悲剧发生本身有其

第五辑　隐藏宇宙的心

明显的生活意图基础，否则，它的毁灭就不是什么悲剧，只不过是令人伤心之事。倘若消除"偶然寄寓于必然"的这一令人可悲的感觉，那么悲剧就会"缓和"。但它毕竟是悲剧的命运，因为它清楚地描绘了命运概念的意义，即客观的纯粹可经历性转变成个人生活目的的可感受性，并揭示出个人生活，而我们经验主义的命运无法与之相提并论，因为经验主义的事件因素从未放弃它那因果性和无感受性的实质。

命运存在于一种生活范畴对另一种生活范畴的适应关系之中，所不同的只是一种，上帝没有命运，另一种，动物没有命运。其实，人生舞台也接近于这一外推结论。人类面临命运，不外乎两种选择，一是拜倒于命运之下，一是凌驾于命运之上，这完全取决于人本身。

拜倒于命运之下意味着：毫无自己的生活意图，纯生活事件的同化无非是强迫性或被强迫性的，命运本身也只是事件而已，遇事任其自然发展。

凌驾于命运之上则意味着：由人的内在深处所决定的生活意图如此不可驾驭，如此不可左右，以至于人的自身存在和生活所要接受的事态发展过程根本不给命运以任何任务。在此，生活事件不可抗拒地迎合已形成感受力的强大潮流，似乎它们根本无法触动这一潮流。谁凌驾于命运之上，谁就不是悲剧的主角。悲剧主角之所以存在，是因为受到自身外强大的现实对抗力，他之所以被制服是因为他受到本人生活意图的包围。这是彻头彻尾的现实和感受的两重性形式，而感受单元寄寓于这形式之中。对于凌驾于命运之上的人来说，这形式根本不以两重性面目出现，他不像上帝那样可以完全超脱命运，在上帝那儿，任何事情从一开始就有绝对的目的安排。而在他那儿，仅仅是因为生命主流如此之强，使各种对抗它的力量可以被忽略不计。

宇 宙

〔荷兰〕斯宾诺莎

对自然界中的所有物体，我们可以而且也应当用像我们这里考察血液的同样方式来加以考虑。

现在让我们想象一下，假定有个寄生虫活在血液里，它的视觉相当敏锐，足以区分血的微粒、淋巴微粒等等，并且也有理性，可以观察每一部分在同另一部分相碰撞时，是怎样失去或增加它自己那一部分运动的，等等。这个寄生虫生活在这种血液里，就如同人类生活在宇宙这部分中一样，它将会把血液的每一微粒认做是一个整体，而不是部分，并且无从知道所有的部分是如何被血液的一般本性所支配，彼此之间如何按照血液的一般本性的要求而不得不相互适应，以便相互处于某种和谐的关系中。因为，如果我们想像在血液之外，没有任何原因将新的运动传给血液，血液之外没有空间、没有其他的物体能接收血液微粒的运动，那么血液一定会永远保持它的状态，除了那些可以认为是由于血液对淋巴、乳糜等等的某种运动关系所引起的改变外，血液微粒将无任何别的改变，所以血液就必定总被认为是一个整体，而不是部分。但是既然有许多其他的原因以某种方式支配着血液本性的规律，因而反受血液所控制，所以在血液里也存在有其他的运动和变化，这些运动和变化不仅是由于血液的各部分彼此之间的运动关系所引起，而且也是由于血液的运动关系和外来原因彼此间的运动关系所引起，在这种情况下，血液具有部分的性质，而不具有整体的性质。此处，我谈的仅仅是整体和部分的关系。

对自然界中的所有物体，我们可以而且也应当用像我们这里考察血液的同样方式来加以考虑。因为自然中的所有物体都被其他物体所围绕，它们相互间被规定以一种确定的方式存在和运作，而在它们的整体中，也就是在整个宇宙中，却保持着同一种运动和静止的模式。因此我们可以推知，每一个物体，就它们以某种限定的方式存在而言，必定被认为是整个宇宙的一部分，与宇宙的整体相一致，并且与其他的部分相联系。因为宇宙的本性并不像血液的本性那样受限制，而是绝对无限的，所以宇宙的各个部分被这种无限力量的本性以无限多的方式所控制，而不得不产生无限多的变化。

听从理智

〔俄国〕列夫·托尔斯泰

我们坚信，理智是我们大家、我们这些活着的人结合在一起的唯一基础。

理智不能被判断，我们也无需判断它，因为我们大家不仅知道它，而且我们所能知道的只有理智。在我们的相互交往中，我们越来越坚信，这种普遍的理智，对于我们所有人来说都同样是必须的，对它的信心要大于一切方面的信心。我们坚信：理智是我们大家、我们这些活着的人结合在一起的唯一基础。我们从一开始就知道理智是第一可靠的，因此，我们之所以知道我们在世界上所知道的一切，正是因为这些为我们所知的东西同已被我们确切知晓了的理智规律相一致。我们知道，而且不可能不知道理智。的确不可能不知道它，因为它正是理性的生命——人不可避免地要遵照它而生活的规律。对人来说，人的理智是人的生命必须按照它才能实现的规律，这一点，同其他事物的规律完全一样。动物按其自身规律生养繁殖，草木按其规律成长开花，地球与其他天体按自身规律旋转运行。而人们从自我之中知晓的规律，作为人的生命规律，同世界上所有外在事物的运动规律完全一样，它们之间只有一点差别：我们在自我之中知晓的规律，是我们自身应当去实行的东西，而外在现象中只有不受我

们影响的、按规律自然实现的东西。我们对世界所知道的一切只是被我们看到的，在我们外部的天体、动物、植物、全世界中的一切，都是遵从着理智的。在外部世界中，我们看见了这种对理性规律的服从，我们从自身中知晓的这个规律，就是我们需要实现的东西。

关于生命，最常见的谬误就是把动物性肉体对自己规律的服从看成了人类的生命，这种服从不是我们进行的，而是被我们看见的。同我们的理性意识相联系的动物性肉体的规律，是无意识地在我们动物性躯体中实行的，就像它在树木、晶体、天体中实行的情形一样。但是，我们人的生命规律——动物性肉体对理智的服从——却是我们看不见的，也不可能看见的规律，因为它还没有结束，而只是在我们的生命中不断被我们实现。遵行这个规律，为了获得幸福，让动物性肉体服从理智的规律，这就是我们的生命。不理解人的幸福和生命只在于让动物性肉体服从理性的规律，把动物性肉体的幸福和存在当做我们的整个生命，拒绝做人的生命注定要做的工作，那么，我们就会失去真正的人的幸福和真正的人的生命，而将我们所看见的我们动物性活动的存在去代替真正的生命和幸福的位置，这种存在是不依赖于我们而实行的，因此它不可能是我们的生命。

不同的笑

〔捷克〕米兰·昆德拉

可笑的笑如大灾难一样不可思议。即使如此，天使们还是从那儿得到了点儿什么。

那些认为魔鬼是罪恶之徒和天使是善之战士的人是受了天使的蛊惑。显然地，事情不是那么简单。一方面，天使们不是善之徒众，而是神所创造的。另

第五辑　隐藏宇宙的心

一方面，魔鬼们否认一切上帝的领域里的合理的意义。

如众所周知的，支配世界的两大力量是魔鬼和天使。但世界上善的一方并不是一定要比后者占优势（像我小时候就这么以为）。而只要求在权力上有某种程度的制衡作用。如果这世上有太多无可争论的意义（天使之统治），人们就会被重担压垮；如果这世上失去了所有的意义（魔鬼之统治），生活一样会变得令人无法忍受。

如果突然间一些事情失去了它们的既定意义、失去了表面的既定规格（一个在莫斯科受过马克思主义训练的人信上了占星术），那会使我们忍不住要笑的。所以说，最初的笑是属于魔鬼的范畴。它带着某种程度的不良意识（一些事情的结果与原先所希冀的不符），可是随之而来的也可能是某种程度的解脱（事情本身看起来比外表要松散一些，在处理它们的时候，我们有比较多的自由，我们不会被它们的严重性压得喘不过气来）。

当天使第一次听到魔鬼的笑的时候，他恐慌极了。那是在一群人聚集的餐桌上，一个接一个的天使跟随魔鬼笑了起来，足见笑是很有感染力的。天使知道得很清楚这是对上帝的不敬，是笑他所做的那些神奇的事情。天使知道应该立刻采取行动，但是自己能力有限，苦无对策，只好以牙还牙。天使张开嘴，发出了一声不稳定的、呼吸般的声音，是属于他的声域的高音阶，且赋予相反的意义。如果魔鬼的笑是意味着万事万物的无意义，那么天使的叫则是为世上万事万物之有条理、构想完善、美好和明智而欢呼。

魔鬼和天使就那么面对面地站在那儿，张着嘴，两者都发出大同小异的声音，可是本质各异——完全背道而驰。当魔鬼看见天使在笑，于是他笑得更厉害、更大声、更开朗了，因为笑着的天使是无比可笑的。

可笑的笑如大灾难一样不可思议。即使如此，天使们还是从那儿得到了点儿什么。我们被他们的骗局所愚弄，他们模仿的笑和真正的笑（魔鬼的）用了同一个字。现代人不知道原来这两种外表看起来相同的笑是具有截然不同的含义的。是两种不同的笑，可是我们没有不同的字来区别它们。

我的灵魂

〔德国〕尼采

真的，哦，我的灵魂哟，谁能看见你的微笑而不流泪？在你的过剩的慈爱的微笑中，天使们也会流泪。

哦，我的灵魂哟，再没有比你更仁爱、更丰满和更博大的灵魂！过去和未来的交汇，还有比你更切近的地方吗？

哦，我的灵魂哟，我已给你一切，现在我的两手已空无一物！你微笑而忧郁地对我说："我们中谁应受感谢呢？"

给予者不是因为接受者已接受而应感谢吗？赠予不就是一种需要吗？接受不就是慈悲吗？

哦，我的灵魂哟，我懂得了你的忧郁的微笑，现在你的过剩的丰裕张开了渴望的双手了！

你的富裕眺望着暴怒的大海，寻觅而且期待，过盛的丰裕的渴望从你的眼光之微笑的天空中眺望！

真的，哦，我的灵魂哟，谁能看见你的微笑而不流泪？在你的过剩的慈爱的微笑中，天使们也会流泪。

你的慈爱，你的过剩的慈爱，不会悲哀，也不啜泣。哦，我的灵魂哟，但你的微笑，渴望着眼泪，你的微颤的嘴唇，渴望着呜咽。

"一切的啜泣不都是怀怨吗？一切的怀怨不都是控诉吗！"你如是对自己说。哦，我的灵魂哟，因此你宁肯微笑而不倾泻你的悲哀——

不在迸涌的眼泪中倾泻所有关于你的丰满的悲哀，所有关于葡萄的收获者和收获刀的渴望！

哦，我的灵魂哟！你不啜泣，也不在眼泪之中倾泻你的紫色的悲哀，甚至于你不能不唱歌！看啊！我自己笑了，我对你说着这预言：

你不能不高声地唱歌，直到大海都平静地倾听着你的渴望，——

直到，在平静而渴望的海上，小舟漂动了，这金色的奇迹，在金光的周围，一切善恶和奇异的东西跳着舞——

一切大动物和小动物及一切有着轻捷的奇异的足可以在蓝绒色海上跳舞的。

直到他们都向着金色的奇迹，这自由意志的小舟及其支配者！但这个支配者就是收获葡萄者，他持着金刚石的收获刀期待着。

第六辑
乘着知识的翅膀

哪里有知识之树,哪里就有乐园。

——尼 采

内 涵

〔苏联〕邦达列夫

<u>一个人阅读一本书，就是仔细观察第二生活，就像在镜子深处寻找着自己，寻找着自己思想的答案。</u>

书——这是所有时代、所有民族精神财富的遗嘱执行人，是完美的保存者，这是从人类的童年发给我们的不熄的光源，这是信号和预告，是痛苦和磨难，是笑声和欢乐，乐观和希望，这是意识的最高成就——精神力量高于物质力量的象征。

书——这是对思想发展和哲学流派的认识，是对社会民族历史条件的认识。在各个阶段，这些条件使人们产生了对善、智、教育，和在自由、平等、社会关系的公正旗帜下革命斗争的信心。

以概念范畴进行思维、创造物质、体系和公式的科学能解释、发现和征服许多事物，但按其实质来说，它终究不能研究一样东西——人的感情，不能创造人的形象，而这正是应运而生的文学所做的事情。

科学和艺术，它们是很接近的，它们将要认识及接近的范围就是这个世界里人的潜力。但同时，它们的认识工具不同，要把荷马的《奥德赛》、列夫·托尔斯泰的俄国的"奥德赛"《战争与和平》，或者我们时代的"奥德赛"米哈依尔·肖洛霍夫的《静静的顿河》，阿历克赛·托尔斯泰的《苦难的历程》等包括在一个公式里，就像在发现某个宇宙规律以后科学所能做到的那样，完全是不可思议的。

艺术——这是人类的感受，相互矛盾的情感、愿望、精神的升华和堕落，自我牺牲和勇敢精神，失败和胜利的历史大百科全书。

一个人阅读一本书，就是仔细观察第二生活，就像在镜子深处寻找着自己，寻找着自己思想的答案，不由自主地将别人的命运、别人的勇敢精神与自己的性格特点相比较，感到遗憾、怀疑、懊恼，他会笑、会哭、会同情和参与——这样就开始了书的影响。所有这些，按照托尔斯泰的说法就是"感情的传染"。

　　几乎在每个人的命运中，印刷的话语都起了无与伦比的作用，最值得遗憾的人就是不曾醉心于一本严肃书籍的人——他抛弃了第二现实和第二经验，因而缩短了自己生命的时日。

与书为友

〔英国〕斯迈尔斯

　　<u>书籍具有不朽的本质，在人类所有的奋斗中，唯有书籍最能经受岁月的磨蚀。</u>

　　想了解一个人，你可以看他读什么样的书，正如看他交什么样的朋友。与书为友如同与人为友，都应找最佳最善的为伴。好书可引为净友，一如既往，永无改变，两心相伴，其乐陶陶。当我们身陷困境或处于危险，好书决不会幡然变脸。好书与我们亲善相处，年轻时让我们从它那儿汲取乐趣与教诲，到鬓发染霜时则带给我们亲抚和安慰。

　　同好一书之人，往往可以发现彼此间习性也相近，恰如二人同好一友，彼此间也可引以为友。中国有个成语："爱屋及乌"，"若引申为"爱人及书"，更不失为一智语。人们的交往若以书为纽带，情谊将更为真挚高尚。对同一作家的钟爱，使人们的所思所感，欣赏与同情，都能交相融会。作家与读者，读者与作家，也能相知相通。

　　英国文艺评论家赫兹利特说："书籍深入人心，诗随血液循环。少小所读，

第六辑 乘着知识的翅膀

至老犹记。书中别人的事，能使我们如同身临其境。无论何地，好书无须倾囊而购，就能得到。而我们的呼吸也会因之充满了书香之气。"

一本好书常可视作生命的最佳归宿，作者一生所思所想的精华尽在其中。对大多数学人而言，他的一生是思想的一生，因此好书是金玉良言与思想光华的总成，令人感铭于心，爱不忍释，成为我们相随的伴侣与慰藉。菲力浦·西德尼爵士说："与高尚思想相伴者永不孤独。"当诱惑袭来，高尚纯美的思想会像仁慈的天使，翩然降临，一扫杂念，守护心灵。高尚行为的愿望也随之产生。良言善语常激发出畅举嘉行。

书籍具有不朽的本质，在人类所有的奋斗中，唯有书籍最能经受岁月的磨蚀。庙宇与雕像在风雨中颓毁坍塌了，而经典之籍却与世长存。伟大的思想能挣脱时光的束缚，即使是千百年前的真知灼见，时至今日仍新颖如故，熠熠生辉。只要翻动书页，伟人的话就会历历在目，犹如亲闻。时间淘汰了粗劣制品，就文学而言，只有经典明言才能传世。

书籍将我们引入一个高尚的社会，在那里，历代圣人贤士群聚，仿佛与我们同处一堂，让我们亲聆教诲，亲见所行，心心相印，欢悦与共，悲哀同历。我们仿佛嗅到他们的气息，成为与他们同时登台的演员，在他们描绘的场景中生活、呼吸。

凡真知灼见决不会消逝于当世，书籍记载的精华远播天下，至今为有识之士侧耳聆听。古时先贤的影响，仍融入我们生活的氛围，我们仍能时时感受到逝去已久的人杰们一如当年，活力永存。

书的存在

〔比利时〕乔治·布莱

<u>就在此时，在眼前这本打开的书之外，我看见大量的语词、形象和观念</u>

你去买一只花瓶，放在家里，放在桌子或壁炉上，过一段时间，它就被看熟了。它将成为家里的一位成员。然而它仍然是一只花瓶。相反，请拿起一本书，你会看到它自告奋勇，自己打开自己。依我看，书的这种开放性是一件不寻常的、重要的事情。书绝不自我封闭于它的轮廓之内，它并不是居住在一座堡垒之内。它自身存在，但它更要求存在于自身之外，或者要求你也存在于它的身上。简言之，不同寻常的是，在你与它之间，壁垒倒坍了。

这就是《伊吉图》中那座空屋子里的景象。有一个人进去了，拿起桌子上那本打开的书，开始阅读。随之而来的是墙的消失、物对精神的吸收以及物所显示的奇特的可渗透性。我说过，这和一个人买一只鸟、一条狗、一只猫是一码事，人们看到它们变成了朋友。同样，如果我喜欢我的书，那是因为我在它们身上认出了一些人，他们能回报我给予他们的情感。然而这就是全部吗？我在读书时所进行的变化仅限于将其提高到活人堆里吗？事情还要走得更远。有一种新的现象发生，我感到很难加以界定。

为此，我必须回到刚才谈的那种境况。一本书在那儿，在一间空屋子里等待着。这时一个人进来了，比方说是我，我翻翻书，开始阅读。就在此时，在眼前这本打开的书之外，我看见大量的语词、形象和观念。我的思想将它们抓住。我意识到我抓在手里的不再是一个简单的物了，甚至不是一个单纯地活着的人，而是一个有理智有意识的人：他的意识与存在于我们遇见的一切人中的那种意识并无区别。但是，在这特别的情况下，他的意识对我是开放的，并使我能将目光直射入他的内部，甚至使我（这真是闻所未闻的特权）能够想他之所想，感他之所感。

我说过，这是一件闻所未闻的事。所谓闻所未闻，首先是我称为物的那种东西的消逝。我拿在手中的书到哪儿去了？它还在那儿，然而同时它又不在了，哪儿也不在了。这个全然为物的物，这个纸做的物，正如有些物是金属的或瓷的一样，这个物不在了，或者至少它现在不在了，只要我在读书。因为书已经不再是一个物质的现实了。它变成了一连串的符号，这些符号开始为它们自己而存在。这种新的存在是在哪儿产生的？肯定不是在纸做的物中。肯定也不在外部空间的某个地方。只有一个地方可以作为符号的存在地点，那就是我的内心深处。

第六辑　乘着知识的翅膀

书 房

〔法国〕蒙田

书房就是我的王国。我试图实行绝对的统治，使这个小天地不受夫妻、父子、亲友之间来往的影响。

我的书房设在塔楼的三层。底层是我的小礼拜堂。第二层设置一个房间，旁边是附属的居室。为了安静，我经常在那里歇息。卧室之上有一个藏衣室，现在已改做书房，从前那是家里最无用的地方。现在我一生的大部分日子，我一天的大部分时光都在那里消磨。晚上我是从来不到那里去的。附于书房之侧的是一个工作室，相当舒适，冬天可以生火。窗户开得挺别致。要不是我担心破费（这种担心使我什么事都做不了），那儿不难建一条长 100 步、宽 12 步的与书房相平的长廊，将各处联结起来，因为全部围墙已经存在，原先是为其他用途而筑的，高度正符合我的要求。隐居之处应该有散步场所，如果我坐下来，我的思路就不会畅通。双腿走动，我的脑子才活跃。凡是不凭书本研究问题的人都是这样的。

书房呈圆形，只有我的桌子和座位处呈扁平面。全部书籍，分五格存放，居高临下地展现在我的面前，在四周围了一圈。书房开有三扇窗户，窗外一望无际，景色绚丽多彩，书房内有一定的空间，直径为 16 步。冬天我去书房不如平时勤，因为我的房子建在山丘上，就像我的名字所指的那样，没有别的房子比它更招风了。我倒喜欢它位置偏僻，不好靠近，无论就做事效果或摆脱他人的骚扰来说都有好处。

书房就是我的王国。我试图实行绝对的统治，使这个小天地不受夫妻、父子、亲友之间来往的影响。在别处，我的权威只停留在口头上，实际并不可靠。

有一种人，即使在自己家里，也身不由己，没有可安排自己的地方，甚至无处躲藏。我认为这种人是很可怜的。好大喜功的人，像广场上的雕像一样，无时不爱抛头露面。"位高则身不由己。"他们连个僻静的去处也没有。某些修道院规定永远群居，而且做什么事情众人都得在场。我认为，修士们所过的严格生活，最难熬的要算这一点了。我觉得经常离群索居总比无法孤独自处要好受一点。

如果有谁对我说，单纯为了游乐、消遣而去利用诗神，那是对诗神的大大不敬，说这话的人准不像我那样了解娱乐、游戏和消遣的价值。我禁不住要说，别的一切目的都是可笑的。我过着闲适的日子，也可以说，我不过是在为自己而活着，我的目的仅限于此。少年时候，我学习是为了自我炫耀，后来年岁渐长，是为了追求知识。现在则是为了自娱，而从来不曾抱过谋利的目的。

阅读方式

〔法国〕安德烈·莫洛亚

初读一部作品，常常领略不到其精华所在。年轻时，泛舟书海，如同步入尘世一样，应去寻朋觅友。

坏书对于沉溺性的读者来说，无异于鸦片，使他们深陷于虚幻的境地，逃离了现实世界。这类人对什么书都爱不释手，即便偶尔翻开一本百科全书，谈起水彩画技法的词条也跟读有关火力机械的词条一样有强烈的兴趣。他们独自在房中，径直奔向堆满报纸杂志的桌子，埋头于干巴巴的铅字之间，却从不冷静地想一想，动动脑筋。他们并不注重书中的思想内容和主题，只是一味地读下去，看不出字里行间的现实世界和思想实质。他们绝少从书中获益，对丰富的信息资料，也分不出其价值的高低。他们读书完全是被动的，虽是在看，其实并不理解，不动脑子，更谈不上吸收。

相比之下，娱乐性的阅读还较为积极。爱读小说的人，在书中寻求美的感受、情感的复苏和迸发以及人间难遇的传奇。对他们来说，读书是一种乐趣；伦理学家和诗人喜欢在书本上重新找出自己过去的观察和感受。对他们，读书也是一种乐趣；最后一种以读书为乐的人，虽是没去研究某一确定的历史阶段，却也能认识到历史进程中，人类的共同苦难。这种娱乐性的阅读是有益的。

最后是工作性阅读。当某项工程设计在头脑中已有一条主线，需要加以完善和补充的时候，人们就到书中找寻所需的某些特定知识和材料。这种工作性阅读，倒不需要惊人的记忆，手里有支铅笔或钢笔就可以了。每本书读过之后，当再想回味一下思想主题的时候，也没必要把整本书重读一遍。请允许我以我个人为例。当我读一本历史书或者其他类似的严肃书籍时，我总要在扉页上记一些概括思想主题的词句，并在后面标好页码。这样，在需要时，我不必重读全书，就可以直接找到想找的地方。

读书，同所有其他工作一样，也有规律可循。首先，最好是熟知一部分作家及作品。而对大部分作家，只做一般性了解。初读一部作品，常常领略不到其精华所在。年轻时，泛舟书海，如同步入尘世一样，应去寻朋觅友。当发现知音，选择、确定之后，就要携手并进。一生中能与蒙田、圣西门、雷斯、巴尔扎克以及普鲁斯特交上朋友，那就很充实了。

为乐趣而阅读

〔英国〕毛姆

如果你读了之后，觉得它们不合胃口，那么，请就此搁下。除非你能真正享受它们，否则毫无用处。

我所谓的"你"是指那些除了工作以外仍有闲暇的成年人。而且，他们愿意读那些如果没读将是一种损失的好书。我所谓的成年人，并不包括"书虫"在内，"书虫"们会自己寻路，好奇心将引导他们踏上人迹罕至的小径。重新发现已被遗忘的好书，会带给他们莫大的愉快。我想谈的都是真正的杰作，这些书长久以来就被一致公认为了不起的作品。我们大家都被假定为早已读过它们，可悲的是，其实只有很少人真正读过。但也有一些杰作，所有最好的批评家都已予以定评，它们在文学史上也已有了不朽的地位，可是，除了专业人士仍将它们视为经典之作外，今天的大多数人已无法再以享受的心情阅读这些书。时光流逝，鉴赏不同，夺去了它们原有的馥郁，除非有极坚强的意志力，它们实在难以下咽。举例来说：我曾读过乔治·伊利奥特的《亚当·贝德》，但我无法从心底说：我是怀着快乐的心情阅读的，读它多半是出于一种责任感，读完时忍不住出了一声舒畅的长叹。

　　对于这一类书，我无话可说。每个人都是他自己最好的批评者。不论学者们对一本书的评价如何，纵然他们众口一致地加以称赞，如果它不能真正引起你的兴趣，对你而言，仍然毫无作用。别忘了批评家也会犯错，批评史上的许多大错误往往出自著名批评家之手。你正在阅读的书，对于你的意义，只有你自己才是最好的裁判。这道理同样适用于专家推荐给你的书。每个人的看法都不会与别人完全相同，最多只有某种程度的相似而已。如果认为对我具有重大意义的书，也该丝毫不差的对你具有同样的意义，那真毫无道理。虽然，阅读这些书使我更觉富足，没有读过这些书，我一定不会成为今天的我，但我仍然请求你：如果你读了之后，觉得它们不合胃口，那么，请就此搁下，除非你能真正享受它们，否则毫无用处。没有人必须尽义务地去读诗、小说或其他可归入纯文学类的各种作品。你只该为乐趣而读，试问谁能要求那使某人快乐的事物一定也要使别人觉得快乐呢？

第六辑 乘着知识的翅膀

致雷诺

〔英国〕济慈

记忆不该被称做知识。许多有独创见解的人不这样想——这些人只是为习俗所误而已。

我有一种想法：一个人可以用这种方式愉快地度过一生——让他在某一天读一页充满诗意的诗，或是精练的散文，让他带着它去散步，去沉思，去反复思考，去领会，去据以预言未来，进入梦想，直到它变得陈旧乏味为止。可是到什么时候，它才能使人感到陈旧乏味呢？这是永远不会的。人在智力上达到某种成熟阶段之后，任何一个崇高绝俗的片段都会变成他超凡入圣的起点。这"构思的旅程"是多么幸福啊，勤勉的闲散又是多么美好！在沙发上睡一小觉妨碍不了它，在草地上打个盹儿引来仙界的指点；小儿的牙牙学语帮它长上翅膀，中年人的谈心使它获得振翅起飞的力量；一个曲调引导它到"岛屿的隐蔽一角"去；树叶飒飒作响，它就能"环绕地球一周"。粗略地阅读几本尊贵的书，并不意味着对它们著者的不敬——因为比起大作品的仅仅由于它们的默然存在而对于善良品德所产生的益处来说，人所能给予人的荣誉原是微不足道的。记忆不该被称做知识。许多有独创见解的人不这样想——这些人只是为习俗所误而已。

据我看来，几乎人人都可以像蜘蛛那样，从体内吐出丝来结成自己的空中城堡——它开始工作时只利用了树叶和树枝的几个尖端，竟使空中布满了美丽的迂回线路。人也应该满足于用同样稀少的几个尖端去粘住他灵魂的精细的蛛丝，进而纺织出一幅空中的挂毯来——这幅挂毯在他灵魂的眼睛看来充满了象征，充满了他的心灵触觉所能感到的温柔，充满了供它漫游的空间，充满了供他享受的万物。但是人们的心灵是如此互不相同，而且走着如此个别的道路，

以致在这种情形下，起初看来几个人之间不可能有共同的趣味和同伴，然而事实却恰恰相反：许多心灵各自向相反的方向出发，途中来来往往，在无数点上交臂而过，最后竟又重聚在旅途的终点上。

有限的知识

〔意大利〕伽利略

问他声音是如何产生的，他坦率地说知道某些方法，但他笃信还会有上百种人所不知的、难以想象的方法。

他兴致勃勃地走进一家酒店，以为能看到某人在用弓轻轻触动小提琴的弦，但看见的却是有个人正用指尖敲着一只杯子的杯口，使它发出清脆的响声。可当他后来观察到，黄蜂、蚊子与苍蝇不是像鸟雀那样，靠气息发出断续的啼叫声，而是靠翅膀的快速振动，发出一种不间断的嗡嗡声时，与其说他的好奇心越发强烈了，毋宁说他在如何产生声音的学问方面变得蒙昧了，因为他的全部阅历都不足以使他理解或相信：蟋蟀尽管不会飞，却能用振翅而非气息发出那样和谐且响亮的声音。此后，当他以为除了上述发声方式之外，几乎已不可能另有它法时，他又知道了各式各样的风琴、喇叭、笛子和弦乐器，种类繁多，直到那种含在嘴里、以口腔为共鸣体、以气息为声音媒介物的奇特方式而吹奏的铁簧片。这时他以为自己无所不晓了，可等他捉到一只蝉后，却又陷入了前所未有的无知和愕然之中：无论堵住蝉口还是按住蝉翅，他都无法减弱蝉那极其尖锐的鸣叫声，而不见蝉颤动躯壳或其他什么部位。他将蝉翻转过来，看见它的胸部下方有几片硬而薄的软骨，以为响声发自软骨的振动，就将它折断，以止住蝉鸣。但是一切终归徒然。直到他用针刺透了蝉壳，也没有让蝉及其声音窒息。最后，他依然未能断定，那鸣声是否发自软骨。从此，他感到自己的知识太贫乏了，问他声音是如何产生的，他坦率地说知道某些方法，但他笃信还会有上百种人所不知的、难以想象的方法。

我还可以试举另外许多例子，来阐释大自然在生成其事物时的丰富性，那些方式在感觉与经验尚未向我们启示之前，是我们无法设想的，经验有时仍不足以弥补我们的无能。因此，倘若我不能准确地断定彗星的成因，那么我是应当受到宽宥的，况且我从未声言能够做到这一点，因为我懂得它会以某种不同于任何我们臆想的方式形成。对于被握在我们手心的蝉，我们都难以弄明白它的鸣声来自何处，因而对于处在遥远天际的彗星，不了解其成因何在，更应予以谅解了。

失去人性的学问

〔日本〕池田大作

在一切观点的根本之处，我们必须紧紧盯住"人"的存在，必须掌握深刻理解人的重要性的价值观。

可以认为，现代的学问企图将一切事物都加以科学分析，而忘却了人性这最重要的东西。我认为，所谓人类，就是依靠思想形成理念，设定理想，并为这个理想进行努力的客观存在。人类的高贵就体现在这里。当然，在现实中，某事如何如何之类的分析和真伪的判断也是非常重要的。但是，进行分析和判断，就要预测某事如何如何，这就包含了理想，而要实现理想，就要树立应该怎么做的判断基准，为此，分析和判断又是非常必要的。我认为，人类既有追求理想的一面，又有重视现实的一面，两方面都具备才是中庸之道，才是正确的思想方法。

学问是为人类的需要而存在的，如今，我们被迫忘记了这个不说自明的道

理。其根本原因是：本来学问是从"人"出发的，而在当今社会，人们已不再好好学习这个学问的基础，而一味追求最新的成果。人们之所以会采取这种做学问的态度，归根结底，是由于一切一切的基本点——"人的观念"没有确立。当然，所有从事专业的人们是不会存心忘记"人"的，但是，由于没有一个能抓住人类整体形象的尺度，不知不觉，就会把自己专业领域的方法当做看待人类的基本尺度了，这样，现代的悲剧就发生了。政治也好，经济也好，科学也好，凡是和人类自身有关的学问，可以说，在今天这个时代都是必需的。

忘却活的现实而大发议论，容易流于繁琐的讲话和注释。当然，仔细考证文献也是很重要的工作，但不要忘记其中的根本精神，并且要设法将这一根本精神在现实世界中化为实践。这才是研究一切学问、思想的正确方法。

在一切观点的根本之处，我们必须紧紧盯住"人"的存在，必须掌握深刻理解人的重要性的价值观。面对那些忘却"人"的思想和运动，不管它们在形式上多么符合逻辑，也不管它们用多么庞大的体系来装饰自己，我们都要具备一双不被迷惑的眼睛。

认识能力

〔德国〕康德

<u>这种人无理要求别人在把自己和他相比较时应该感到自卑，而这恰好与他本来的意图相违背。</u>

认识能力的缺陷要么是心灵软弱，要么是心灵病态。就认识能力而言，灵魂的疾病主要可以概括为两类，一是忧郁症(疑病)，一是精神失常(躁狂症)。前一种病人似乎意识到，他的思想活动进行得不正常是因为他的理性不具有足够的力量控制自己去调节思路，去终止或推动它。在他心里一会儿是高兴，一

会儿是忧伤,脾气的变幻就像他不得不忍受的天气一样。后一种疾病是思想的一种任意活动,它有自己的 (主观的) 规则,但这个规则却与那些和经验法则相符合的 (客观的) 规则背道而驰。

　　头脑简单的人、不聪明的人、笨伯、愚妄之徒、傻瓜和呆子,他们不仅在程度上,而且在心灵紊乱的质上也与精神失常的人不同,他们还不至于因为自己的缺陷进入疯人院。在疯人院里,一个人即使在年龄上已达到成熟和强壮,却在最起码的生活事务上不得不由外来的理性料理。带有激情的癫狂是狂气,它往往能够自发地、不由自主地迸发出来,而且是在诗兴结合着天才时才产生。这样一种一方面更加敏捷另一方面却毫无规则的意象之流的汹涌,当它与理性汇合时就被称为迷狂。在同一个不可能实现的意向上愁肠百结,例如在丧失爱人时,从痛苦中寻求安慰,这是抑郁狂。迷信类似于癫狂,而迷狂则类似于狂想症。后面这种精神病态尽管叫做性格乖僻,往往也被 (说得温和些) 称为过度兴奋。

　　发烧时的胡言乱语,或者是,有时候仅仅是由于凝视一个发狂的人,而由强烈的想象力的交感所触发起来的那种癫痫病的狂暴发作 (因此必须不让那些神经过敏的人把他们的好奇心延伸到这种患者的禁闭室),这些都只是暂时的,还不能被看做是精神错乱。但人们称之为性情乖张 (并非心灵病态,因为通常把这理解为内部感官的抑郁乖戾) 的,多半是人的一种近乎癫狂的高傲自大,这种人无理要求别人在把自己和他相比较时应该感到自卑,而这恰好与他本来的意图相违背,因为刺激他产生这种意图的是他的自命不凡,这意图在一切可能形式下受到破坏,遭到压制,而他的冒犯人的愚蠢只不过招来嘲笑。较轻微一些的是这样来表达一个人自己所独有的某种怪念头:一种本应是人所共知的道理却在任何聪明人那里得不到赏识。

驱逐无知

〔英国〕弥尔顿

是的，无知被赶到比任何动物都低级、比岩石和石头还低级、比任何自然物都低级的档次。

在平静和安全的范围内度过一生——这只是一种动物的生活，或是一种把它的小巢筑在很远很深的森林里的很高树梢上的小鸟的生活。它在那小天地里安全地喂养着它的子女，它飞来飞去找着食物，而不用担心猎人的袭击，在清晨和黄昏，可以尽情地用它那甜美的歌喉歌唱。这就是无知者的"幸福生活"。而人们为什么要让神圣的大脑增加活动呢？好，你如以此为论据的话，那么，我们将献给无知以荷马史诗《奥德赛》中女魔的酒杯，让它脱掉人的画皮，恢复动物的原形而回到动物世界中去。让无知回到动物中去，动物肯定会拒绝接受这个没有名气的客人。无论如何，很多动物还具有某种低级的推理能力或者出于一些很强的本能驱使，使它们能够在它们中间进行一些技术或类似技术的活动。普鲁塔克告诉我们，狗在追踪猎物时表现出具有一些辨别的知识。如果它们碰巧遇上十字路口，它们明显地要用逻辑推理来做出判断。亚里士多德指出，夜莺以某种音乐规则对它们的子女进行教育。

几乎每一个动物都是自己的医生。很多动物在医学上教给人宝贵的知识。埃及的朱鹭教给我们泻药的价值，河马教给我们放血的益处。对那些经常为我们预报风、雨、洪水到来或天气好坏的动物，谁还坚持说它们一点儿也不懂天文学呢？鹅所表现出的谨慎和严格的品德令人惊叹！为了防止多嘴的危险，它含着卵石飞过金牛山。我们家庭经济的积累，很多受益于蚂蚁；我们的共和政体则得益于蜜蜂；而军事科学承认仙鹤哨兵岗位制的练习以及在战斗中列成三角形队列，此举，使人类受益匪浅。动物是如此聪明，以至于不让无知在它们的团体和社会中存在。它们将迫使无知到一个更低级的层次。那是什么层次呢？是树木和石头吗？如果无知与树木和石头为伍，为什么就连树木、灌木丛和整个森林都曾拔起它们的根匆忙去听俄耳浦斯那优美的乐曲呢？它们也被赋予了不可思议的力量和神奇的预言才能。岩石也表现出一定的学习倾向，它能对诗人们的庄严朗诵做出回答。那么，无知是否也被岩石和树木驱赶走了呢？是的，无知被赶到比任何动物都低级，比岩石和石头还低级，比任何自然物都低级的档次。是否能允许无知到伊壁鸠鲁的信徒们，著名的"根本不存在"那里去找安息之地呢？不行，就是那里也不允许。因为无知是比享乐主义还坏、还卑鄙、还讨厌的东西。一句话，无知是完全堕落的东西。

面对孩子们

〔法国〕卢梭

<u>成年人如果意识不到对孩子撒谎的危害，就不能教育孩子知道对大人撒谎的危害。</u>

人们时常争论这个问题：是趁早为孩子们讲明他们感到稀奇的事情呢，还是另外拿一些小小的事情将他们敷衍过去，现在我已经找到了解决这个问题的办法。我认为，人们的两种办法都不能用。首先，我们不给他们以机会，他们就不会产生好奇心。因此，要尽可能使他们不产生好奇心；其次，当你遇到一些并不是非解答不可的问题时，你不可随便欺骗提问题的人，你宁可不许他问，也不应向他说一番谎话。你按照这个法则做，他是不会感到奇怪的，如果你已经在一些不重要的事情上使他服从了这个法则的话；最后，如果你决定回答他的问题，那就不管他问什么问题，你都要尽量答得简单，话中不可带有不可思

议和模糊的意味，而且不可发笑。满足孩子的好奇心，比引起他的好奇心所造成的危害要少得多。

你所做的回答一定要很慎重、简短和肯定，不能有丝毫犹豫不决的口气。同时，你所回答的话，一定要很真实，这一点，我用不着说了。成年人如果意识不到对孩子撒谎的危害，就不能教育孩子知道对大人撒谎的危害。做老师的只要有一次向学生撒谎撒漏了底，就可能使他的全部教育成果毁灭。

某些事情绝对不能让孩子们知道，对他们来说也许是最好不过的。但不可能永远隐瞒他们的事情，就应当趁早告诉他们。要么就别让他们产生好奇心，否则就必须满足他们的好奇心，以免他们达到一定的年龄后，受到自己好奇心的危害。关于这一点，你在很大的程度上要看孩子的特殊情况以及他周围的人和你预计到他将要遇到的环境等等来决定你对他的方法。重要的是，这时候在任何事情上都不能凭偶然的情形办事，如果你没有把握使他在16岁以前不知道两性的区别，那就干脆让他在10岁以前知道这种区别好了。

我不喜欢人们装模作样地对孩子们说一套一本正经的话。也不喜欢大家为了不说出真情实况转弯抹角，因为这样反而会使他们发现你是在那里兜着圈子说瞎话。在这些问题上，态度要十分朴实。不过，他那沾染了恶习的想象力，使耳朵也尖起来了，硬是要不断地推敲你所说的话。所以，话说得粗一点，没有什么关系，应该避免的是色情的观念。

知识的来处

〔美国〕艾尔文·潘诺夫斯基

我绝不相信，只能把儿童或青少年可以完全理解的东西教给他们。

那时教我拉丁文的教员是历史学家西奥多·莫姆森的朋友，他本人也是最受人尊敬的西塞罗专家。教我希腊文的教师是《柏林语文周刊》的编辑。我永远不会忘记这位可爱的学究式的老师向我们这些15岁的孩子们道歉的情景。他为忽略了柏拉图一段对话中的一个逗点向我们道歉说："这是我的错误，对此我在20年前已经写了一篇文章，现在我们必须再重新翻译一次。"这位先生的对手，一位爱拉斯谟式的智慧渊博的人，他担任我们的历史教员，那时我们是初中生，他自我介绍说："先生们，在这一学年，我们将试图理解所谓中世纪发生的事情。我认为你们已经长大了，能够使用书本了。"

正是大量的这种细小的经历才构成了教育。这种教育应当开始得越早越好，那时的记忆力比以后任何时候都强。我认为，不仅在教育方法上如此，在教育内容上也应如此。我绝不相信，只能把儿童或青少年可以完全理解的东西教给他们。相反，那些似懂非懂的短语，熟悉又不熟悉的名字、似理解又不理解的诗句是根据声音和韵律而不是根据其含义记忆的。这些东西贮存在记忆中，抓住了想象力，三四十年以后，当他看到根据奥维德的《岁时记》创作的一幅绘画或一张表现了《伊利亚特》暗示出的主题时，它们就会突然闪现出来，就像饱和的连二亚硫酸盐溶液受到振动，突然结成了晶体一样。

如果美国的某个大基金会真正有兴趣为人文主义做些事情，那么，它可以建立许多模范中学，这些学校拥有充足的资金，享有威望，能够吸引与大专院校教师具有同等水平的教师，而且能吸引那些准备投考进步教育家认为既是标准过高的，又是无益的学府的学生们。但是，众所周知，这种投资机会是很渺茫的。

然而，除去这些显然是无法解决的中等教育问题之外，移居美国的人文主义者，回顾近20年的发展，是没有理由气馁的。根植于一个国家或一个大陆的传统是不能也不应该移植的。但是，对这些传统可以进行异花授粉，而且，人们可以看到，这种异花授粉的工作已经开始，并取得了进展。

高等教育

〔英国〕罗素

<u>生命将变成与历代伟人共享的圣餐,而个人的死亡只不过是首小小的插曲。</u>

现代高等教育的缺陷之一,是变得太侧重于某些技能的培训,而没有教会人们用客观的眼光去看待世界,以便极大地拓展人类思维和心灵的空间。举例说,你全副身心地参与到政治斗争中去,并且拼命工作以便为自己的党派赢得胜利。这当然不失为一件好事。然而在斗争的过程中可能会出现某种机会,它使你觉得运用了某些在世界上增加仇恨、暴力和猜疑的方法,就能取得胜利。比如,你发现取得胜利的最佳途径是去欺辱他国。如果你心中的视野仅仅局限于当前利益,或者你已经接受了效率至上的学说,你就会采取这种令人起疑的手段。依赖这些手段,目前你可能取得计划中的胜利,而未来的结局很可能是一败涂地。反之,如果在你的头脑中装满了人类的过去,人类从野蛮状态进化出来的缓慢而片面的过程,以及与天文年龄相比之下人类的短暂存在——我想,这些思想已经变成了你的习惯性感受,那么你将认识到,你所从事的暂时斗争,其重要性决不至于值得我们去冒如此之大的危险,以至于有可能重新退回到我们奋斗至今才得以慢慢伸出头来的黑暗中去。同时,你还能承受住眼下的失败,因为你知道失败只是暂时的,这样你就不会愿意使用那些卑鄙无耻的武器了。在你当下的活动之上,你应当具有某些虽然遥不可及,但却会渐渐清晰起来的目标,在这些目标中,你不是孤独的个人,而是引导人类走向文明生活的大军中的一员。如果你拥有了这种想法,那么某种伟大的幸福就会永远伴随着你,而不管你个人的命运如何。生命将变成与历代伟人共享的圣餐,而个人的死亡

只不过是首小小的插曲。

如果我有权按照我的意愿去开展高等教育的话，我将废除陈旧的正统宗教——它只迎合少数最不聪明、最厌恶进步的青年的胃口——建立一种很难再被称做宗教的东西，因为它只注重已知的事实。我将尽量让青年人清楚地了解过去，清楚地认识到人类的未来很可能比她的过去更为长久，深深地意识到我们所居住的地球的渺小，意识到这星球上的生活实在不过是昙花一现而已。在摆明这些强调个人渺小的事实的同时，我还将摆出另一组事实，使青年人从内心里感受到个人可以达到的那种伟大，认识到在这广袤无垠的宇宙中，我们还不了解另外有什么同等价值的东西。很久以前，斯宾诺莎就已阐述过人类的局限和自由，但他用的形式和语言使得一般人——除了哲学专业的学生以外——对他的思想难以领悟。

培养独立的人

〔德国〕爱因斯坦

言辞永远是空的，而且通向毁灭的道路总是和奢谈理想联系在一起。

在教育学领域中，我是个半外行，除了个人经验和个人信念以外，我的意见没有别的基础。那么我究竟是凭着什么而有胆量发表这些意见呢？如果这真是一个科学的问题，人们也许就因为这样一些考虑而不想讲话了。

但是对于能动的人类事务而言，情况就不同了，在这里，单靠真理的知识是不够的，相反，如果要不失掉这种知识，人们必须以不断的努力来使它经常更新。它像一座矗立在沙漠上的大理石像，随时都有被流沙掩埋的危险。为了使它永远在阳光照耀之下，必须不断地勤加拂拭和维护。我愿意为这项工作而努力。

学校向来是将传统的财富从一代传到一代的最重要机构。同过去相比，今天更是这样。由于现代经济生活的发展，家庭作为传统和教育的承担者，已经削弱了。因此比起以前来，人类社会的延续和健全要在更高程度上依靠学校。

有时，人们将学校简单地看做一种工具，靠它来把大量的知识传授给成长中的一代。但这种看法是不正确的。知识是死的，而学校却要为活人服务。它应当在青年人中发展那些有益于公共福利的品质和才能。但这并不意味着应当消灭个性，使个人变成社会的工具，像一只蜜蜂或蚂蚁那样。因为由没有个人独创性和个人志愿的统一规格的人所组成的社会，将是一个没有发展可能的不幸的社会。相反，学校的目标应当是培养独立工作和独立思考的人，这些人把为社会服务看做自己最崇高的人生目的。就我所能作判断的范围来说，英国学校的制度最接近于这种理想的实现。

但是人们应当怎样努力才能达到这种理想呢？是不是要用讲道理来实现这个目标呢？完全不是。言辞永远是空的，而且通向毁灭的道路总是和奢谈理想联系在一起的。但是人格绝不是靠所听到的和所说出来的言语而是靠劳动和行动形成的。

因此，最重要的教育方法是鼓励学生去实际行动。刚入学的儿童第一次学写字是如此，大学毕业写论文也是如此，简单地默记一首诗，写一篇作文，解释和翻译一段课文，解一道数学题，或在体育运动的实践中，都是如此。

一个任务

〔挪威〕易卜生

学生的任务实际上与诗人的任务相同：为自己，因此也是为他人，弄清楚他所处的那个时代和社会里所发生的暂时性和永久性问题。

第六辑　乘着知识的翅膀

我所经历过的，鼓舞过我的，是什么呢？这个天地是广阔的，鼓舞过我的，有的只是在偶然的、最顺利的时刻活跃在我的心间，那是一种伟大的、美丽的东西。可以说，它高于日常的自我，我之所以受鼓舞，是因为我要正视它，要让它变成我的一部分。

可是，我也被相反的东西鼓舞过，反省起来，那是我自己天性中的渣滓沉淀。在这种情形下，创作好比洗澡，洗完之后我感到更清洁、更健康、更舒畅。是的，先生们，一个人如果自己不是在某种程度上（至少有的时候是这样）做过模特儿，那么，他是无法写出诗意来的。我们之中有没有这样的人：他心里不时感到并且意识到，自己的言语与行动、意愿与责任、实践与理论之间发生矛盾？换句话说，我们之中有没有这样的人：他并没有，至少有的时候没有，满足于利己，却又半自觉、半好心地向他人、向自己掩饰自己的行为？

我相信，我向你们做学生的说这番话，是找到了合适的听众。你们能明白我这番话的意思。学生的任务实际上与诗人的任务相同：为自己，也是为他人，弄清楚他所处的那个时代和社会里所发生的暂时性和永久性问题。

在这方面，我敢说自己在国外期间努力想做一个好学生。诗人应当生来就有远大的眼光，我从来没像我远离祖国的时候，将祖国看得那么充分，那么清楚，而又那么亲切。

我亲爱的同胞们，最后我想讲一点我所经历过的事情。当裘立安国王临近他生命终点的时候，他周围的一切都垮了，使他这么伤心的原因是，他想到他所得到的只是这么一点：头脑清醒冷静的人将怀着敬佩的心情惦记着他，而他的对手们却生活下去，受到人们热情的爱戴。这种思想是我许多经历的结果，起因在于我孤寂时扪心自问的一个问题。今天晚上，挪威的年轻人到这里来探望我，以言语和行为给了我回答，这个回答比我原来想听到的更为热烈，更为清楚。我将把这个回答看成我回国拜访同胞的最丰硕的收获，我希望，我相信，我今天晚上的经验也将是我要去"经历"的经验，并且会反映到我的作品中去。如果真是那样，如果我将来寄回这么一本书来，那么，我请求大家在接受它的时候把它看成我对今晚会见的握手和感谢。我请求你们在接受它的时候，要想到你们也参与了这本书的创作。

青年的成长

〔英国〕罗素

<u>很显然，我们知道的所有杀人者都是已经被发现了的。但是谁知道到底还有多少杀人者没有被人发现？</u>

只要有可能，那些发现自己与周围环境不相适应的年轻人，在选择自己的职业时，应该努力选择一种能给他们寻找志同道合的伙伴提供机会的工作，哪怕这种选择会给自己的收入带来很大的损失。他们常常很少知道这样做是可行的，因为他们对世界的了解非常褊狭，并且极易想象，他们在这里已经习惯了的这种偏见，全世界到处都有。在这方面，老一辈的人可以给年轻人很多指导，因为这需要相当多的社会阅历。

在如今这个心理分析的时代，人们很习惯于假定，任何一个年轻人，他之所以与他的环境不相协调，是因为某种程度的心理紊乱。我认为这完全是错误的。举例来说，有个相信达尔文的年轻人，他的父母认为进化论是邪恶的，在这种情况下，使他失去父母同情的唯一原因只是知识问题。不错，一个人与环境不相和谐是不幸的，但是这种不幸并不一定值得花一切代价去加以避免。当这一环境充满了愚昧、偏见和残忍时，与它的不和谐反而是一种优点。从某种程度上看，几乎所有的环境下都会产生上述情况。伽利略和开普勒有过"危险的思想"（在日本是这么说的），我们时代最有才华的人也是如此。以为社会意识应该变得如此强大，如此发展，以至于使得那些叛逆者对由他们的思想所激怒的社会普遍敌视态度表示恐惧，是不可取的。真正可取的是：找到一些方法，使这种敌视态度尽可能得到减弱，尽可能失去其影响。

在今天，这一问题主要存在于青年人那儿。如果一个人处在合适的职业和环境中，他很可能会摆脱社会的迫害。但是在他还年轻的时候，在他的优点还没有经过考验的时候，他往往处于那些无知者的掌握中。这些无知者自以为能够对那些一无所知的事情做出判断，但是，当他们知道一个乳臭未干的小子竟然比自己这些阅历广泛、经验丰富的人懂还要多时，不禁怒从心起。许多最后摆脱了这些无知者的独断专横的年轻人，经过长期的艰苦抗争和精神压抑后，感到痛苦失望，精神大受挫折。有这样一种颇为轻松的说法：似乎天才注定会成功，根据这种观点，对年轻人的能力的迫害仿佛不会造成多大的危害。但是我无论如何都没有充分的理由接受这种说法。

这就像那种说杀人者必露马脚的观点一样。很显然，我们知道的所有杀人者都是已经被发现了的。但是谁知道到底还有多少杀人者没有被人发现？同样，我们听到的那些天才都是在战胜重重困难之后才获得成功的，但是没有理由说，许多天才并不是在青年时期夭折消失的。

教 化

〔法国〕卢梭

<u>从我们最初的岁月起，就有一种毫无意义的教育在虚饰着我们的精神，腐蚀着我们的判断。</u>

我们的公园里装饰着雕像，我们的画廊里装饰着图画。你以为这些陈列出来博得大家赞扬的艺术杰作表现的是什么呢？是捍卫祖国的伟大人物呢？还是以自己的德行丰富祖国的更伟大的人物呢？都不是。那是各种各样心灵与理智的歪曲颠倒的景象，从古代神话里煞费苦心地挑选出来专供孩子们消遣好奇用的，而且毫无疑问地是为了使他们在不认字以前，先见到各种恶劣行为的模范。

当哥特人掠夺希腊的时候，希腊的图书馆所以免于焚毁，只是由于哥特人

有这样一个念头：要给敌人留下适当的东西，让他们荒废军事的操练而沉溺于怠惰安静的职业，查理八世几乎是兵不血刃就成了塔斯康尼和那不勒斯王国的主人。他的朝臣们将这种意外的顺利归功于意大利的王侯贵族们过分沉溺于奇技淫巧和博学鸿词，以致无法奋勇作战。因此，一位有头脑的人谈到这两件事情时就说，事实上一切前例都教导我们，无论在战事方面，还是在其他一切类似的方面，科学研究更会软化与削弱勇气，而不是强化与鼓舞勇气。

罗马人承认，他们的武德是随着他们赏识图画、雕刻和金银器皿以及培植美术开始消逝的。而且仿佛这个有名的国土注定要永远成为其他民族的前车之鉴，美第奇一族的兴起与文艺复兴再度——而且也许是永远地——摧残了意大利几世纪来似乎已经恢复的善战的声誉。

从我们最初的岁月起，就有一种毫无意义的教育在虚饰着我们的精神，腐蚀着我们的判断。从各个方面我都看到了人们不惜巨大代价，设立无数的机构来教导青年种种事物，但只有责任心被摒除在外了。你们的孩子们不会说他们自己的语言，然而他们会说那些在任何地方都没有用处的语言；他们会做几乎连他们自己也看不懂的诗；他们不会辨别错误和真理，却有本领用诡辩使别人无从识别；他们并不知道高尚、正直、节制、人道、勇敢究竟是什么；祖国这个可爱的名字永远不会进到他们耳朵里去；如果他们听人说起上帝，他们不会敬畏上帝，而只是对上帝心怀恐惧罢了。有一位贤人说，我宁愿我的学生通过打网球来消磨时间，至少还可以使身体得到锻炼。我知道必须让孩子们专心一意，怠惰是孩子们最可怕的危险。可是他们应该学习什么呢？这确实是个大问题。让他们学习做人所应该做的事吧，别让他们学那些他们应该忘却的事。

第六辑 乘着知识的翅膀

恶之源

〔法国〕霍尔巴赫

<u>但愿合理的思想在似乎永远注定要成为谬论的牺牲品的理智中自动发育生长。</u>

世风败坏的真正根源就在这里：宗教永远只能用毫无实际作用的各种障碍物来抵抗败坏的世风。无知和奴役使人们变得凶恶而不幸。只有科学、理性和自由才能促进人们的进步和幸福。但是，世界上的一切事物都在助长人们的愚昧无知，促使他们坚信谎话和谬论。神甫们欺骗他们，暴君们使他们堕落，以便更容易地奴役他们。暴政在过去和将来都永远是世风淫乱和人民经常遭受灾难的真实根源。人们受到各种宗教观点或形而上学幽灵的愚弄，不去探求自己痛苦的自然和可见的原因，反而硬说自己的恶德是由于人的本性不完善，而自己的不幸则是由于神灵的愤怒。他们向上帝祷告、立誓、供献祭品，祈求上帝为他们免除灾祸，其实他们应该把灾祸的原因归于自己统治者的玩忽职守、无知和腐化，归于罪恶的行政制度、有害的习俗、错误的学说、轻率的法律，而主要则是缺乏教育。如果从人的儿童时代起正确的概念就得到了发展；如果他们的理性得到了必要的教育和指导；如果人们具有正义感，那么，为了同人的各种情欲作斗争，绝对不需要神灵和对神灵的恐惧。当人们获得真正的教育时，他们自然会变成善良的。当他人受到正确的管理时，如果他们对自己的同胞造成祸害，将受到惩罚和蔑视；如果带来幸福和利益，就会得到奖励。

试图克服人们的恶德而不根除他们的偏见，是没有用处的。只有当人们发现了真理，他们才会认识自己的迫切利益和之所以要鼓动人们为善的真正原因。各民族人民的精神统治者们竭力使人们的视线关注天国已经太久，使他们朝地

上看的时刻终于来到了。让人的理智回头来研究自然的事物、易懂的对象、明显的真理和有益的知识吧。但愿统治各民族的虚无缥缈的幽灵烟消云散,但愿合理的思想在似乎永远注定要成为谬论的牺牲品的理智中自动地发育生长。为了消灭或者哪怕是深深地动摇一下宗教偏见,难道指明一切不可理解的东西对人并没有任何价值还不够么?为了相信一种无法理解的表象,如果不立即陷入矛盾就不能对之做任何说明的存在物是纯粹的虚构;为了相信一种不仅说明不了宇宙的各种秘密,而且只会使这些宇宙秘密变得更加无法说明的存在物是纯粹的虚构;为了相信人们在这样长的世纪的过程中即已徒劳无益地向之祈求得到幸福和避免痛苦的一种存在物是纯粹的虚构;为了相信这个存在物是一种不反映任何实在事物的观念,除了简单的健全思想以外,还需要什么东西吗?

需要形而上学

〔美国〕理查德·泰勒

<u>智慧使我们避开那些并不比脚底的石头更有价值的闪闪发光的珠宝、摆设、诺言、教义和信条。</u>

智慧有什么了不起?假如它不能满足我们深切的渴望,例如渴望自由,渴望敬神,渴望延长寿命等等,它还有什么价值呢?为什么还值得去追求呢?

智慧给予人的报酬,从消极方面来说,首先是使人免受无数假货的欺骗,那些假货不断被制造出来,不停地向头脑简单的人兜售,通常总会获得惊人的成功,它从不缺少顾客。但智慧使我们避开那些并不比脚底的石头更有价值的闪闪发光的珠宝、摆设、诺言、教义和信条。蠢人只要稍受引诱,就会紧紧抓住一切貌似珍贵的东西,以图满足他由贪婪与角逐等邪念支配的大脑所产生的种种欲望,而不管这些欲望何等愚蠢、讨厌和有害。许多人为了满足被人爱的深切需要，会因为简单的一句话，例如一个矫饰的福音传教士所作的"耶稣爱你"这样一个虚伪、廉价的保证，而觉得自己已被感化并改变了性格。这类奉承话所直接产生的信念，被不加批判地当做真实可靠的象征。其实，它们只不过表明了一种需要，即必须设法用一切办法予以满足的一种需要。又如，许多人能够随意地、甚至不知不觉地排除对于自身不可避免的死亡的恐惧，并抹杀这个客观事实。只需向他们提示一下古典著作、宗教书籍甚至一个机灵的传教士的简单演说中所允诺的某些东西，就能使他们得到安慰。于是，那种歪曲一切事物、颠倒整个世界的宗教信仰，就这样充当了廉价的形而上学。这种形而上学，并不属于穷人，而是属于那些精神空虚、缺乏智慧的人，甚至包括某些陶醉于世界声誉的人。像这种用空洞的说教来取代思维的宗教，并不属于那些具有形而上学头脑的人，也不属于那些热爱上帝与自然，同时把自己看做上帝及自然的造物而自爱的人们。

在宗教不能取得进展的地方，按照怀疑论者的看法，空想有时能为这一需要提供某种满足。因此，许多人在白日梦中度过自己的一生。在那里，对每一个形而上学问题的每一种回答，无非是对空中楼阁各个房间的装饰。一切都是他们头脑的产物，或者更糟些，是他们需要的产物。这是一种虚无缥缈的梦，因为除了幻觉之外什么也没产生出来。这类空想不是形而上学，而只是形而上学的代用品。它们再次说明，一个人只有在获得这种代用品时才不需要形而上学，不论这种代用品是多么不切实际。这正是人们非常需要形而上学的证据。

科学之于民众

〔美〕卡尔·萨根

科学不仅是知识的本体，更主要的，它是一种思维方法。

我们是能思考的生物。这正是我们的长处所在。我们不如其他动物跑得快、会伪装、善于挖洞、长于飞翔和游泳。但我们善于思考。并且由于有了双手，我们善于建造。这是我们的特殊天赋，也是人类延续的主要原因。如果我们自己最明智地运用这些能力而没有鼓励他人运用，那就否认了我们人类善于思考的天生权力。因而我认为没有被鼓励着去积极思考的人是不幸的。理解世界是一种享乐，我经常看到人们，一些普通的人们，当懂得了一些他们从前一无所知的自然知识——为什么天空是蓝的，为什么月亮是圆的，我们为什么会有脚趾时，他们是多么兴奋不已。这兴奋一是由于知识本身的乐趣，二是由于这给了他们某种才智上的鼓励。他们发现，他们并不是如某些人所说的那么不可教。我们的教育系统培养出来的许多人确信自己缺乏理解世界的能力。

科学不仅是知识的本体，更主要的，它是一种思维方法。这种思维以严格的怀疑观及对新思想的开放性的结合为特征。在我们生活的各个领域——社会、经济、政治、宗教等，都绝对地需要科学。科学也是一种智能探险，它更易于被青年接受。科学对青年特别具有感召力的原因是：未来是属于青年的，他们懂得科学与他们未来生活的世界有某种联系。

另外，每种文化都有一个创世的神话。它通常是很好的，有时也并不完美。它是一种试图解释我们根源的尝试：每个民族是怎么来的，人类、景物、地球、太阳、恒星、行星是怎么来的，及最主要的问题——如果宇宙存在开端的话，它是如何开始的。你会发现世界上各种传说、神话、迷信、宗教——我们人类的许多伟大的文学作品——都试图解决这些深奥的问题。对于这些问题中的每一个，科学都已给出某种近似的答案。这样，科学回报了人类古老的紧迫需求。电视纪录片《宇宙》在世界范围内产生了反响，我们发现如此众多的公众对宇宙演化的描述产生共鸣。它影响人们几乎达到了宗教的程度。

由于以上所述的原因，我认为，任何一个社会，如果希望在下个世纪生存得好，并且它的基本价值不受影响的话，都应该关心国民的思维、理解水平，并为其未来做好规划。我坚持认为，科学是达到上述目的的基本手段——它不仅是专业人员所讨论的科学，更是整个人类社会所理解和接受的科学。如果科学家不来完成科学普及的工作，谁来完成？

第七辑
生命中能够承受之轻

任何人不能替我思考,就像任何人不能替我戴帽子一样。

——维特根斯坦

榕树的语言

〔印度〕泰戈尔

<u>在行路的日子里，我无暇关注路边的榕树，而今我弃路回到窗前，开始和他接触。</u>

我的窗前是一条红土路。

路上辚辚地移动着载货的牛车，绍塔尔族姑娘头顶着一大捆稻草去赶集，傍晚归来，身后甩下一大串银铃般的笑声。

而今我的思绪并不在人走的路上驰骋。

我一生中，为各种难题愁闷的、为各种目标奋斗的年月，已经埋入往昔。如今身体欠佳、心情淡泊。

大海表面波涛汹涌，但在安置地球卧榻的幽深的底层，暗流把一切搅得混沌不清。当波浪平息，可见与不可见，表面与底层处于充分和谐的状态时，大海是平静的。

同样，我拼搏的心灵憩息时，我在心灵深处获得的是宇宙元初的乐土。

在行路的日子里，我无暇关注路边的榕树，而今我弃路回到窗前，开始和他接触。

他凝视着我的脸，心中好像非常着急，仿佛在说，"你理解我吗？"

"我理解，理解你的一切。"我宽慰他，"你不必那么焦急。"

宁静恢复了片刻，等我再度打量他时，他显得越发焦灼，碧绿的叶片飒飒摇颤，灼灼闪光。

我试图让他安静下来，说："是的，是这样，我是你的游伴。千百年来，在泥土的游戏室里，我和你一样，一口一口地吮吸阳光，分享大地甘美的乳汁。"

第七辑　生命中能够承受之轻

我听见他中间陡然起风的声响。他开口说："你说得对。"

在我心脏血液的流动中回荡的语音，在光影中无声地旋转的音籁，化为绿叶的沙沙声，传到我的身边。这声音是宇宙的官方语言。

它的基调是：我在，我在，我们同在。

那是莫大的欢乐，在那欢乐中宇宙的原子、分子瑟瑟颤抖。今天，我和榕树操同一种语言，表达心头的喜悦之情。

他问我："你果真回来了？"

"哦，挚友，我回来了。"我即刻回答。

于是，我们有节奏地鼓掌，欢呼着"我在，我在"。

智 慧

〔古罗马〕塞涅卡

<u>你要为自己规定一个你想超越也超越不了的界限，要最后告别各种欺骗性的奖赏。</u>

有一种人由于饥饿的缘故学会了某些前所未闻的职业，一旦让这种人知道了你的住处，进了家门，那你就是让人来调整你走路的姿势，让人来看你吃饭的时候如何动嘴。这情况会一直继续下去，直到你不能再容忍他们的行为，不能再轻信他们的诉说，使他们不敢再这样大胆无耻。事情的正常进展总是先通过各个容易的阶段，逐渐达到高级阶段的，所以即使陷入争吵的人们，开始的时候也是用商量的口气说话，只是后来才声振云霄的。绝没有人一开始就慷慨激昂地呼吁"所有真诚的罗马人的帮助和支援"……在这里，我们的目的不是进行发声训练，而是通过它训练我们自己的心灵。

因此，我使你减少了一个不小的麻烦。我在给你的这些恩惠上添加下面这

个小小的贡献，即再赠你一句著名的希腊格言吧："傻瓜的生活缺少感激，充满忧虑，因为它完全集中于未来。"你认为怎样的生活是"傻瓜的生活"呢？是我们自己的生活。我们受着欲望的驱使，盲目地投入各种活动，而这些活动很可能对我们造成损害，却肯定不能带给我们满足——如果能够使我们感到满足，那我们现在就该是很满足的了。决不要以为什么也不要求就是快乐，没有一点财产就极其令人满意。所以要经常回顾一下你业已取得了的成就，想起那些跑到你前面去的人时，要同时想到落后于你的人。如果你想在神灵和你的生活都受到关注的地方得到赏识，那你就要想一想，你究竟比多少人卓越。当你已经超越自身时，又何必去管他人呢？你要为自己规定一个你想超越也超越不了的界限，要最后告别各种欺骗性的奖赏。这种奖赏对于希望得到它的人来说，是比已经得到它的人更为宝贵的，要是其中有什么实在的东西，它们就会迟早给你带来充实感，可事实上它们仅仅是加剧希望得到它们的人的渴求之情。抛开一切浮华的只能用来炫耀和显示的东西吧。谈到未来的尚不确定的命运，为什么我只要求命运给我这个那个，而不要求自己不去要求这些东西呢？我究竟为什么要这些东西呢？是因为我完全忘记了人类意志薄弱的品性而企图将这些东西积蓄起来吧！我劳作的目的是什么呢？

为何可笑？

〔美国〕爱默生

<u>整个的大自然对于整个的思想都是适合的——也可以说，对于理性是适合的。</u>

一切笑话、一切喜剧的本质似乎是：若隐若现，然而却是诚实的、善意的。我们假装要做什么事，却不去做，一方面仍旧在那里大声嚷着要做。智力

第七辑 生命中能够承受之轻

遇到了阻碍，期望遇到了失望，智力的连贯性被打断了，这就是喜剧，而它在形体上表现出来，就是我们称之为"笑"的那种愉快的抽搐。

除了极少数的例外——几种鸟兽的诡计——自然界里没有半幻半真，没有似隐似现，直到人类出现。没有知觉的生物才执行智慧的全部意志。一棵橡树或是栗树从来不去做它不会做的事，即使在植物界确实有一种现象，我们称它为"停止发育"，但那也是大自然的一种作用，从智能方面看来，它同样完整，在各种不同的境况下完成了更进一层的作用。同样的规则也适用于兽类。它们的活动显示出永远正确的见识。但是人，因为有理性，他能观察到一件事物的全部与部分。理性是全部，而一切其他的东西都是部分。整个大自然对于整个思想都是适合的——也可以说，对于理性是适合的。但是你把大自然的任何一部分分开来，试着将它单独看做大自然的全部，那就是荒诞感觉的起源。幽默——那永久的游戏体贴地、和蔼地观看着每一件事，超然地，就像你看见一只老鼠，将它与永恒的整体比较。你欣赏每一个自满的生物在毫无情义的宇宙内顾盼自若的姿态，为它祝福，然后遣开它。某人的形体，一匹马、一个萝卜、一只面粉袋、一把伞——任何事物，你将它与一切事物的关系隔离开来，默想它单独地站在绝对的大自然里，它立刻变成喜剧性的。无论多么有用，多么可尊敬的品质，都不能将它从滑稽的局面中挽救出来。

因为人有理性——也就是那"整体"——所以人的形体是完整的表示，向我们的幻想力暗示真与善的完美，用反衬的方法暴露出任何半隐半显的、不完全的东西。完美与人的形体之间有一种基本的联系。但是等到实际的人登场时，如果发生的事情并不能使这期望实现，我们的理智就会立刻看出那矛盾，表现在外的就是肌肉感的刺激——笑。

形　式

〔苏联〕邦达列夫

形式也有很丑陋的，但它是容器，没有它，所有的人类思想、感情和事物都会漫流到不可捉摸的虚无之中。

看来可以同意和很容易相信那些最高规律的合理性，相信一切事物从诞生到经过一段注定的时期而消亡直至溶化在永恒中，都有自己的开始和终结。

也可以同意这样的观点，就是宇宙中没有一种事物是不具有形式的。因为任何一种形式都会转变成另一种形式，因而不存在无限，而作为形式的融合，又存在着无限。

对我们的意识来说，没有什么能比关闭的空间的美更完善和美好。任何内容、任何思想都竭力从形式中流露出来，就是说关闭在有限的空间里，而不是在我们的接受能力达不到的无止境的宇宙空间。

比方说，道路、河流、沙漠、秋日天空中的星座都是形式，这些形式给予存在的万物一种不足信的完善和美。形式也有很丑陋的，但它是容器，没有它，所有的人类思想、感情和事物都会漫流到不可捉摸的虚无之中。

与生命的永恒相比，这是在运动、美、情感和不完善形式中的一种封闭的空间，而人们则是它们忠顺的仆从。只是目前谁也没能彻底明白，这一切都是为了什么，为何而生，为何而死。这是什么——是物质形式的变态？是灵魂？是惩罚？是幸福？是过渡的桥梁？或者仅仅是这个世界的日常现象，而这个世界或许就是这样被创造的，使人不能向它提出"孩子气"的问题。但对生命的所有场合都能作出答案。虚伪的乐观主义则是一种屏风的形式，在这屏风后面隐藏着睡眼惺忪、饱食终日的面孔。谁像感受自身痛苦一样努力去感受别人的痛苦，谁愿意倾听痛苦和求援的呼声，他就永远不会停止寻求答案，并选择一种有着较近的通往仁慈之路的绿色平原的形式。

神秘主义

〔英国〕毛姆

神秘主义者和怀疑论者有一种论点是相同的：我们的智力无论怎样探索，最后还将有个广大的奥秘。

神秘主义是无从证明的，它只需要内在的信心。它不是依附教义而存在的，因为它从各种教义中摄取养料，它因人而异，能满足任何癖性。它是一种感觉，认为我们生活于其间的世界只是精神宇宙的一部分，因而有它存在的意义，它是一种上帝就在面前的意识，意识到上帝支持着、安慰着我们。神秘主义者记叙了那么多他们的经验，内容又那么类似，人们很难否认它们的真实性。

的确，我自己有过一次经验，只能用神秘主义者们描述他们的出神时所用的语言来描述。那时我正坐在开罗附近的一座无人的清真寺里，突然我感觉如醉似狂，我强烈地感到宇宙的力量和重大意义，感到和宇宙亲密无间的、令人震撼的交流。我几乎可以说，我好像看见上帝就在我面前。这无疑是一种普通的感觉，神秘主义者审慎地只拣它的影响可以收到明显结果的，才加以宣扬。我认为这种感觉除宗教的原因之外，其他原因也可能引起。

圣徒们愿意承认，艺术家们也会有这种感觉，犹如我们知道，爱情能够产生类似的状态，所以神秘主义者们常喜欢使用恋人的情话来表白他们这种极乐的精神境界。我看这并不比另一种情况更神秘些，那就是心理学家至今没有解释清楚的一种情况：你在做一件事的时候，明明觉得在过去什么时候曾经经历过这样的情景。

神秘主义者们的欣喜若狂是真实的，不过那只对他们自己有意义。神秘主义者和怀疑论者有一种论点是相同的：我们的智力无论怎样探索，最后还将有个广大的奥秘。

面对这个大奥秘，慑服于宇宙的伟大，所以对哲学家们所告诉我的，圣徒们所告诉我的，都不能满意，我有时追溯到穆罕默德、基督和释迦牟尼之前，到希腊诸神、耶和华和太阳神之前，直到奥义书中的"梵"。那种精神——如果"梵"可以称为是精神的话——自生而不依附于其他一切生存，一切生存的都生存在它之中，它是一切生命之源，它至少有一种光焰万丈的伟大，使我的想象得到满足。

超越现实

〔美国〕亨利·梭罗

如果汽笛啸叫了，让它叫得沙哑吧。如果钟响了，为什么我们要奔跑呢？我们还要研究它算什么音乐？

人们尊崇迢遥疏远的真理，那在制度之外的，那在最远一颗星后面的，那在亚当之前的，那在末代以后的。自然，在永恒中是有着真理和崇高的。可是，所有这些时代、这些地方和这些场合，都是此时此地的啊！上帝伟大就在于现在伟大，时光尽管过去，他绝不会更加神圣一点。只有永远渗透现实，发掘围绕我们的现实，我们才能明白什么是崇高。宇宙经常顺从我们的观念，不论我们走得快或慢，路轨已为我们铺好。让我们穷毕生之精力来意识它们吧。诗人和艺术家从未得到这样美丽而崇高的设计，然而至少他的一些后代是能完成它的。

让我们如大自然一般自然地过一天吧，不要因硬壳果或掉在轨道上的一只蚊虫的翅膀而出了轨。让我们黎明即起，不用或用早餐，平静而又无不安之感，任人去人来，让钟去敲，孩子去哭——下个决心，好好地过一天。为什么我们要投降，甚至于随波逐流呢！让我们不要卷入子午线浅滩上的所谓午宴之类的可怕急流与漩涡，而惊慌失措。熬过了这种危险，你就平安了，以后是下山的路。神经不要松弛，利用那黎明似的魄力，向另一个方向航行，像尤利西斯那样在桅杆上生活。如果汽笛啸叫了，让它叫得沙哑吧。如果钟响了，为什么我们要奔跑呢？我们还要研究它算什么音乐？让我们定下心来工作，并让我们的脚跋涉在那些污泥似的意见、偏见、传统、谬见与表面中间，这蒙蔽全地球的淤土啊，让我们越过巴黎、伦敦、纽约、波士顿，教会与国家，诗歌，哲学与宗教，直到我们达到一个坚硬的底层。那里的岩石被我们称之为现实，然后说，这就是了，不错的了，然后你可以在这之上，在洪水、冰霜和火焰下面，开始在这地方建立一道城墙或开拓一片国土，也许能安全地立起一个灯柱，或一个测量仪器，不是尼罗河水测量器，而是测量现实的仪器。让未来的时代能知道，哄骗与虚有其表曾洪水似地积了又积，积得多么深啊。如果你直立并面对着事实，你就会看到太阳闪耀在它的两面，它好像一柄东方的短弯刀，你能感到它的甘美的锋镝正剖开你的心和骨髓，你也欢乐地愿意结束你的人间事业了。生也好，死也好，我们仅仅追求现实。如果我们真要死了，让我们听到我们喉咙中的咯咯声，感到四肢上的寒冷好了，如果我们活着，让我们干我们的事情。

燃烧的火

〔英国〕劳伦斯

我们从未知中出来，又归入未知。但是，对我们来说，开端并不是结束，两者是根本不同的。

人一旦进入自我，超越了生，超越了死，两者都达到了完美的地步。这时

候，他就能听懂鸟的歌唱、蛇的静寂。

然而，人无法创造自己，也达不到被创之物的顶峰。他始终徘徊着，直至能进入另一个完美的世界。但他还是不能创造自己，也无法达到被创之物完美的恒止状态。为什么非要达到不可呢？既然他已经超越了创造与被创造的状态。

人处于开端和末日之间，创世者和被创造者之间。人介于这个世界和另一个世界的中途，既兼而有之，又超越各自。

人始终被往回拖，他不可能创造自己，任何时候也不可能。他只能委身于创世主，屈从于创造一切的未知。每时每刻，我们都像一种均衡的火焰被从这个根本的未知中释放出来。我们不能自我容纳，也不能自我完成，每时每刻我们都从未知中衍生出来。

这就是我们人类的最高真理。我们的一切知识都基于这个根本的真理。我们是从基本的未知中衍生来的。看我的手和脚：在这个已创造的宇宙中，我就止于这些肢体。但谁能看见我的内核，我的源泉，我从原始创造力中脱颖而出的内核和源泉？然而，每时每刻我在我心灵的烛芯上燃烧，纯洁而超然，就像那在蜡烛上闪耀的火苗，均衡而稳健，犹如肉体被点燃，燃烧于初始未知的冥冥黑暗与来世最后的黑暗之间。其间，是被创造和完成的一切物质。

我们像火焰一样，在两种黑暗之间闪烁，即开端的黑暗和末日的黑暗。我们从未知中出来，又归入未知。但是，对我们来说，开端并不是结束，两者是根本不同的。

我们的任务就是在两种未知之间如纯火一般燃烧。我们命中注定要在完美的世界，即纯创造的世界里得到满足。我们必须在完美的另一个超验的世界里诞生，在生与死的结合中达到尽善尽美。

第七辑　生命中能够承受之轻

动物性

〔俄国〕列夫·托尔斯泰

研究动物、植物、一般性物质的存在所遵从的规律，不仅有益，而且还是搞清人的生命规律所必需的。

为了搞清人的生命，搞清为了达到人的幸福，人的动物性肉体所应服从的规律，人们在不断地观察，或者观察人的历史存在，而不是人的生命本身；或者观察人不能意识到的、却能看得见的，动物、植物、物质对各种规律的服从。他们所做的事，好比是在研究他们不了解的事物的情况，以便找到他们所要服从的未知的目的。

这样说也没有什么错：研究我们看得见的人的历史存在现象，对我们是有益处的；研究动物性肉体和别的动物的规律，对我们也有教益；而研究物质本身所遵循的规律，对我们来说同样有好处。所有这些研究对于人类来说都是重要的，它可以向人指出那些必然要在人的生命中实现的东西。但是，很明显，研究那些已经实现了的，并被我们看见了的东西，无论多么充分圆满，都不能向我们提供最主要的知识——我们的动物性肉体为了幸福所必须服从的那一规律的认识。研究已在实行的规律，对我们会有益处，但是这只能在我们必须承认理智规律的情况下，即在承认我们的动物性肉体所应服从的规律的情况下它们才有益处，否则就不能。

树木无论怎么清楚地研究（假如它能研究的话），在它身上发生的所有化学的、物理的现象，它还是不能从这研究中为自己总结出吸吮浆液并把它分送到树干、树叶、花朵、果实中去的必要性。

人也如此，无论他多么好地研究了他的动物性个体所遵循的自然规律，以及物质所遵循的规律，这些规律都不能给人哪怕是最微小的指示，告诉他怎样

智者伴你领悟人生

处理手中的面包,是把它给妻子,还是给陌生人,给狗或者是自己吃掉它?是捍卫这块面包,还是把它送给乞求他的人呢?而人类的生命正在于必须时时解决诸如此类的问题。研究动物、植物、一般性物质的存在所遵从的规律,不仅有益,而且还是搞清人的生命规律所必需的。然而,这只能在它的目的是搞清人类认识的最主要的对象:搞清理性规律的情况下,才会这样。

在把人的生命只想像成动物性的存在时,在把理性意识所揭示的幸福看成是虚无的东西,并认为理性规律仅仅是幻影的情况下,这种研究变得不仅空洞,而且有害,它阻挡人们去搞清认识的唯一对象,将人引入迷途,使人相信,考察了对象的影子,就能知道对象本身。这种研究的谬误似乎很像一个人认真地研究了生灵的影子的全部变化和运动,于是断定这种运动的原因在于他的影子的变化和运动。

哲 学

〔英国〕毛姆

我们大多数人是间接地接受各种哲学思想的。大多数人根本不知道自己有什么哲学。

我们都知道,尼采的哲学如何影响了世界的某些部分,它所造成的祸患应该说也是众所周知的。它的流传不是靠它可能蕴含的深邃思想,而是得力于生动的文体和给人以深刻印象的形式。一位哲学家不下工夫把自己的思想表达得通顺明畅。这只能说明他所考虑的仅是学术价值的一方面。

我可以聊以自慰的是,我发现有时候即使是专业哲学家之间也并不彼此理解。布拉德莱常坦白表示他不理解与他争论的对方所持的观点究竟是什么意思,而怀特海教授有一次则说,布拉德莱说的有些话他竟不知所云。如果最杰出的哲学家们都不能彼此了解,我们外行人不懂他们所说的,完全不足为奇。

诚然，形而上学是艰涩的。我们在思想上应该有所准备。外行人像是在走钢丝，手里又没有一根杆子帮他保持平衡，在这种情况下，他只要能够平安落地，就该谢天谢地了。这技艺是够刺激的，值得冒跌跤的危险。

我在好多地方看到这样的观点，认为哲学是数学家们探讨的领域。这说法使我百惑不解。既然进化论学说认为知识是为生存斗争的实际原因而发展出来的，那么与全人类利益密切相关的这知识的总和怎么可能仅由一小圈富有稀世才智的人们专用呢？我难以置信。虽然如此，要不是我看到布拉德莱承认他对这门深奥的科学——数学也所知极微，我很可能对哲学望而却步，放弃我在这方面的愉快探究，因为我是没有数学头脑的。布拉德莱可不是平庸的哲学家。

我们知道不同的人有不同的口味，缺少了这个，人就完了。不见得你非要是个数理学家，才能掌握关于宇宙、人类在宇宙中的地位、罪恶的奥秘以及真实的意义等等正确理论，犹如不见得你一定先要训练好能够把20瓶不同的红葡萄酒万无一失地分别说出它们的年份来，才能品赏佳酿。

哲学并不只是一门与哲学家和数学家有关的学问。它与我们人人有关。的确，我们大多数人是间接地接受各种哲学思想的，大多数人根本不知道自己有什么哲学。而事实上即使最不动脑筋的人也不自觉地有他的哲学。第一个说"泼翻了的牛奶，哭它也没有用"的老婆子，就是一个哲学家。因为她的意思不正是后悔无用吗？这里面包含着一个完整的哲学体系。

理性的谬误

〔美国〕威廉·詹姆斯

在真理这一事例中，以长远的眼光看不真的信念是有害的，就像以长远的眼光看真实的信念是有利的一样。

在我最近所读的一本哲学著作中，我发现有这样一段话："正义是理想

的，唯一理想的。理性认为它应该存在，但经验又表明它不可能存在……应该存在的真理不能存在……理性因经验而变成畸形。只要理性一进到经验里面，它马上就成了敌对理性的了。"

这里理性主义的谬误是从泥泞的具体经验中抽出一种性质，并发现被抽出的性质是这样的纯粹，于是就把它作为一种对立的更高本性，拿来和所有它的泥泞的例子加以对照。它始终是它们的本性，它是被确认的被证实的真理的本性。它使我们的观念被确认。我们追求真实的义务也就是我们应做有利的事情这种一般义务的一部分。真观念所带来的有利就是为什么我们有责任追寻它们的唯一理由。完全相同的理由也存在于财富和健康的情形中。真理并不比健康和财富更多地提出其他种类的要求，强加其他种类的义务。所有这些要求都是有条件的，我们所获得的具体益处也就是我们所说的追求责任的含义。在真理这一事例中，以长远的眼光看不真实的信念是有害的，就像以长远的眼光看真实的信念是有利的一样。抽象地说，"真的"性质可以说就是绝对越来越珍贵的，而"不真"的性质则是绝对越来越让人讨厌的。无条件地，一个被称做好的，另一个就应被称做坏的。我们只应该要真实的，避开虚假的。

但如果我们只从字面上看所有这类抽象，并将它和培植它的经验土壤对立起来，我们就会看到我们将自己置于一种多么荒谬的位置上。

如果这样，我们在我们的实际思考中就会举步维艰，什么时候我应该承认这个真理?而什么时候又应该承认那个真理?这种承认应该是大声的?或者是沉默的?如果是有时大声有时沉默，那么现在该采取哪一种?什么时候一个真理可以放进百科全书的冷库?什么时候它又应该出来战斗?难道因为 2+2=4 要求我们永远承认它，我就必须不停地重复它吗?还是说，它有时是不相干的?难道因为我确实具有罪孽和缺陷，我的思想就必须日夜纠缠在它们上面?还是说，我可以掩盖并忽视它们，以便使自己成为一个体面社会的一分子，而不是一个带着病态性忧郁和忏悔的东西?

第七辑 生命中能够承受之轻

从意识开始

〔俄国〕列夫·托尔斯泰

<u>对人来说，对躯体的意识不是生命，而是一条界线，人的生命就是从这里开始的。</u>

经常有人思考，也经常听到有人说：抛弃个人的幸福是人的长处，人的功勋。实际上，抛弃个人的幸福——不是人的长处，也不是功勋，而是人的生命不可缺少的条件。在人意识到自身是一个同整个世界相分离的躯体的时候，他认识到别的躯体也与全世界分离着，他就能理解人们彼此间的联系，他也能理解自己躯体的幸福只是幻影。这时他才能理解只有能使理性意识满足的幸福，才是唯一真实的。

对于动物来说，不以个体幸福为目的的、与这个幸福相矛盾的动作都是对生命的否定。但是对人来说，恰恰相反，那种目的只在于获得躯体幸福的活动是对人类生命的完全的否定。作为动物，没有理性意识向它揭示它的充满了痛苦、终有止境的生命，对它来说，躯体的幸福及由此而来的种族延续就是生命的最高目的。对于人来说，躯体只是生命存在的阶梯。人的生命的真正幸福，只是从这里展现出来。这个幸福同躯体的幸福不同。

对人来说，对躯体的意识不是生命，而是一条界线，人的生命就是从这里开始的。人的生命完全在于更多地获得人本身所应有的、不依赖于动物性躯体幸福的幸福。

按照流行的生命观念，人的生命是他的肉体从生到死的这段时间。但是这并不是人类的生命，这只是作为动物的肉体的生命存在。说人的生命是某种只出现在动物性生命中的东西，就像是说有机体的生命是某种只在物质的存在中

智者伴你领悟人生

175

表现出来的东西。

人首先会把那些看得见的肉体的目的当做是生命的目的。这个目的看得见，因此也让人觉得是可以理解的。

人的理性意识向他揭示的目的反倒被认为是不可理解的了，因为它们是看不见的。否定看得见的东西，献身于看不见的东西，对此人们总觉得可怕。

对被世界上的伪科学教坏的人来说，那些自动实现着的、在别人和自己身上都是可见的动物性要求，似乎是简单的、明确的。而那些新的不能看见的理性意识的要求则被认为是相反的，这些要求的满足不能自然而然地得到完成，而是应当让人自觉地实现，因此它变得复杂，变得不明晰。抛弃看得见的生命观念，献身于看不见的意识，这自然要令人惊异害怕。就好像如果孩子能感到自己的出生，他会感到同样的惊异和害怕，但是有什么办法呢？一切都很明显。看得见的观念引向死亡，唯有看不见的意识才提供永恒的生命。

心中的真理

〔印度〕泰戈尔

否则，在生活的法则中能够奏效的将只有优势和劣势、欢乐和痛苦，而罪恶和美德、善和恶都将毫无意义。

人们常说普通人很愚笨糊涂，要使他远离罪恶，如果需要，无论如何，他必须保持他的幻想，用虚构的恐惧或希望，使自己恐惧或得到安慰，总之，要永远像对待一个孩子或一头牲畜那样，这种幻想适用于社会，同样也适用于宗教团体。过去曾流行的见解和习惯，甚至在后来的年代也不愿意放弃它们的权利。在昆虫世界，我们发现一些无害的昆虫伪装出可怕的样子以保护它们自己，社会法则也一样，它们试图将自己装扮成永恒的真理以使自己强大和持久。一方面，它们有虔诚的外表；另一方面，有在来世受苦的恐惧。各种各样严厉、有时是不公正的社会惩罚手段以地狱的威胁迫使人们盲目地遵守不必要的法规。印度的安达曼群岛，法国的德维尔群岛，意大利的利帕里群岛，都是这种基本观点在政治领域中的象征。内心的真理是真理纯粹的法则，人为的法则不能以同样的节奏运动，那些把真、善和人性尊崇为人的最终目标的人们几个世纪以来一直在同这种态度进行斗争。

将善的价值估计得同社会或者国家一样重要，这不是我的目的，我要讨论的是人接受这种真理的基础，讨论真理存在于哪里。在许多与社会和国家利益攸关的领域里，在日常行为中，我们发现了对这种真理的反驳，而人依靠自知之明，已经将最高的地位让给了这种真理，称它是自己的法，法意味着人的最终本性。关于善的概念，虽然不同的国家、时代和个人，有着不同见解，然而所有的人都以行善为荣。我曾经讨论过人的宗教本性的含义，"它是"和"它应该是"的冲突，从人类历史一开始就一直激烈地进行着。在探讨这种冲突的原因时，我曾经说过，在人的心灵中，一方面存在着普遍的人，另一方面存在着由于追求私利而受到局限的动物性的人。人们试图调和这两方面的企图，在不同的宗教体系中，以不同的方式表现出来。否则，在生活的法则中能够奏效的将只有优势和劣势，欢乐和痛苦，而罪恶和美德，善和恶都将毫无意义。

一个人在他个人精神上所感觉到的痛苦和愉快这种事实，在普遍精神中是否也能感觉到呢？这个问题已经提出来了，如果我们仔细考虑就会发现，个人范围内的愉快和痛苦已经转到普遍精神的范围。那些为了真理，为了国家和人类的利益献出自己生命的人，那些把自己和广阔的理想背景联系起来的人，他们会发现，对他们来说，个人的幸福和不幸已经改变了它们的意义。

英雄崇拜

〔英国〕卡莱尔

<u>无论在哪一方面，人们都应该放弃幻影，返回到事实，不管代价多大，也应这样去做。</u>

在这个世界上，一个能自立、有创见、真诚的人，无疑绝对会崇敬和信仰别人的真理！他只会倾向于和觉得有必要怀疑别人的僵死公式、传闻和谎言，并且非要怀疑不可。这种人是睁开双眼拥抱真理的。他之所以拥抱真理，是因为他睁开了眼睛，假使他必须闭上眼，他还能爱他那真理的大师吗？只要怀有一颗无限感激和真正忠诚的心灵，他就会爱戴那位从黑暗中给他送来光明的英雄大师。这不就是值得所有人崇敬的真正英雄、降魔伏怪的人吗？虚伪是我们在这个世界中的共同敌人，它也要俯伏拜倒于他的勇敢之下。正是他为我们征服了世界！由此看来，路德不就是被当做一位真正的教皇或精神圣父而备受尊崇吗？拿破仑不就是在激进共和主义者声势浩大的造反中，当上了皇帝吗？英雄崇拜从来没有消失，而且也不可能消失。在这个世界上，忠诚与统治都是永恒的：它们不是基于外表和虚伪之上，而是建立在真实和真诚的基础之上。不是蒙上你们的眼睛，剥夺你们"自我裁决"的权利，决不是，而是要你们睁大双眼观察事物！路德的福音是要废黜取消一切虚伪的教皇和君主，致力于迎接真正的新教皇和新君主，虽然他们的到来还遥遥无期。

所以，我们应该把所有的自由、平等、选举权、独立等等，都看做是一种暂时的现象，决非是最终的结果。虽然这种现象会延续一个较长的时期，会给我们带来不少令人悲痛的纷扰，但我们却必须欢迎它，将它看做是对以往种种罪恶的惩罚，看做是即将到来的无可估量的利益的先兆。无论在哪一方面，人们都应该放弃幻影，返回到事实，不管代价多大，都应这样去做。有骗人的教皇和没有自我裁决能力的信徒存在——装模作样的骗子统治了那些傻子，——我们又能有何作为？只剩下了痛苦与奸诈。你无法让虚伪的人们联合起来，没有测锤和水平尺相辅量出直角，你就不能够建起一座大厦！在以新教为先河的一切暴烈的革命运动中，我看到有一种最神圣的结果正在酝酿：不是要废止英雄崇拜，恰恰相反，是要建成一个完整的英雄世界。既然英雄的含义就是真诚者，那么我们每一个人为什么不可以都成为英雄呢？那将是一个完全真诚的世界，一个有信仰的世界，这样的世界过去有过，现在又将重新来临——不可阻挡地来临。那才是真正的英雄崇拜者：他们全都是真和善的，绝对不可能有比受到他们的尊敬更好的了！

探索者

〔英国〕劳伦斯

我的热血告诉我，世界上并没有什么完美之类的东西，唯有在日见其危的时间深谷里进行的没完没了的探索，对意识的探索。

人生就是不断在意识领域冒险的过程。云柱和火柱、昼与夜轮番在人面前穿过时间的荒野，直到人开始向自己一次次地撒谎。然后，谎言就走在人的前头，就像蚂蚁头上顶着的胡萝卜。

在人的意识里有两种知识：一是他自己告诫自己的，一是他自己发现的。前者往往令人欣悦，是自欺欺人的谎言，而后者，则通常连开个头都很难。

人是思想的探索者。当然，我们这儿所说的思想，是指发现，而不是那种自欺欺人，以陈腐的事实来蒙骗自己，得出的错误结论。人们往往将后者当成思想，而其实，思想是一种冒险，不是要小聪明。

当然，我们所说的是人全部的探险，不只是他的智慧。正因为如此，人不能完全笃信康德或斯宾诺莎。康德用他的大脑和灵魂思考，从来不用热血思考。其实，人体的热血也同样在思考，在暗中沉郁地思考，在欲望和冲动中思考，得出奇特的结论。我的大脑和灵魂得出结论：只要人人互爱，这世界就会尽善尽美。可是，我的热血却断定这是胡说，并发现这噱头的说法令人恶心。我的热血告诉我，世界上并没有什么完美之类的东西，唯有在日见其危的时间深谷里进行的没完没了的探索，对意识的探索。

　　人发现大脑和灵魂将他引入了歧途。我们跟随灵魂，相信它宣扬的所谓完美之类的反话，我们聆听大脑的胡诌，例如只要我们消灭这顽固而讨厌的血肉之躯，就可以使一切变得完美，云云。久而久之，我们偏离了正常的轨道。

　　我们不无伤心地偏离了轨道，情绪很坏，犹如迷途者。我们只好自我解嘲："我才不在乎呢，一切都靠命运安排。"

　　命运并不能解决问题。人是思想的探索者，只有思想方面的探索能使人找到新的出路。

固定中开放

〔印度〕泰戈尔

　　<u>歌的和谐统一，渗透到歌的各个部分。因此我们并不急不可耐地寻求结尾，却随着它的发展欣赏下去。</u>

　　教条和礼仪是一些渠道。根据其固定性或开放性，可能对我们的精神生活有所阻碍或有所推动。精神观念的一个象征，当它的结构精细复杂得僵硬刻板之时，它就排挤取代原来它应该支持的观念。在艺术和文学里，比喻是我们的情绪熏陶的象征，它们激起我们的想象，它们从来不要求独占我们的注意力，

它们为其他比喻的无穷可能性敞开着道路。如果它们堕落成为固定不变的表现习惯，它们就丧失了艺术价值。雪莱在他的《云雀》诗里倾泻出的形象，我们对之评价甚高，是因为它们不过是对我们的美学享受做些启发罢了。然而，如果由于这些形象恰当而又美丽，就通过一条法律，规定凡想到云雀时这些形象应该作为终极的定型对待，不允许做其他设想。那么，雪莱的诗篇就会立刻变成虚假荒谬的了，因为这诗的真正的价值，就在于它的流动有致，在于它的虚怀若谷，这诗默默地承认：它并没有用最终定局的词儿将意境说尽。

我们在这世界上生活，仿佛是在听一支歌，我们欣赏这歌，并不等待，一直欣赏到歌儿唱完。歌在哪儿，唱出的第一个声音就在哪儿了。歌的和谐统一，渗透到歌的各个部分，因此我们并不急不可耐地寻求结尾，却随着它的发展欣赏下去。同样，因为这世界确实是个统一体，它的任何一部分并不使我们感到厌倦——只不过我们对世界的和谐统一理解越深，我们的喜悦也随之越有深度。我们各种不同的精力，用于人和自然的世界里的各种不同的事物，这时，我们心中的一，就逐渐形成，向往着万物中的一。如果众多与一，无穷无尽的运动与可实现的目标，在我们的人生里并不是和谐统一的，那么，对我们来说，我们的生存就像是永远在学习语法，永远不能进而懂得任何语言了。

未见新思想

〔阿富汗〕乌尔法特

我们把新帽子戴上头顶，可是拒绝接受新思想；我们建造了新城市，可是住在那里的全是老头子，讲的全是老故事。

春天带给我们的仍是那被我们看了多次、嗅了多次的花。

我们一个世纪又一个世纪，总是翻来覆去地诵着"花与夜莺"的主题，没

有任何新的创造。

我们只是在旧的事物里搜罗新的主题。这不过是在老太婆脸上蒙一块新纱巾而已。

这里，母亲们带来了新生的儿子，可是她们的头脑里却生不出新的思想。

这里，妇女们可以走出大门了，可是新的主题仍然不能从大脑里走出来。

这里，由于风俗习惯，姑娘在父亲家里成了老小姐之后才嫁出去。

这里，媒人们正在旧思想的家里进进出出，旧伦理比新思想更有市场。

这里，旧观念在老太婆的秋千上任意游荡，唱的仍然是老调。

这里，靠施舍过活的人成了百万富翁，目不识丁的人当上了局长。

尽管妇女的威风已超过了丈夫，毛拉已加入了酒徒的聚会，可是新思想和新主题却依然没有产生。

孩子们一生下来就像老头子。他们睡的是旧时代的摇篮，听的是古老的儿歌，照顾他们的是老太婆。如果我们的青年再不刮净脸上的胡子，完全可以把他们称为老翁。

我们把新帽子戴上头顶，可是拒绝接受新思想；我们建造了新城市，可是住在那里的全是老头子，讲的全是老故事。

我们在老头们的集会上唱古老歌曲，还要这些老头子们跳起青年人的阿丹舞。

我未能如愿以偿。我应该到别的地方去追求新的思想。

这种新思想与那些复古的人是不会在一起的。

如果一位80岁的老翁刚娶亲，他还是个老翁。一个老人穿上件新衣，他仍然是个老人。即使他从一座旧城迁到新城，那些旧家什也将仍然跟他在一起。

他们的住房是新的，思想却是旧的。虽然他们住在崭新的房子里，但新的思想与主题仍然产生不出来。

第七辑　生命中能够承受之轻

你我的不同

〔黎巴嫩〕纪伯伦

我的思想则解释人们在制定法律的时候，既不想违犯它也不想遵守它。

你的思想主张追逐名誉和出风头。

我的思想却劝告我，恳求我把这些世俗的功名抛在一边，像对待撒在天国海滩上的一粒粒沙子一样。

你的思想把傲慢和优越感灌输给你。

我的思想在我心中播种对和平的热爱和对独立的渴望。

你的思想尽做美梦，梦见缀满珠宝的檀香木家具和丝线织成的床。

我的思想却在我耳边轻轻地说："即使你的头没地方靠，也要保持身体和精神的洁净。"

你的思想使你祈求官阶和地位。

我的思想却劝告我谦卑地为他人服务。

你有你的思想，我有我的。

你的思想是社会的科学，是一部宗教和政治词典。

我的思想却是一条简单的公理。

你的思想经常谈论漂亮的女人、丑陋的女人、善良的女人、卖身的女人、有文化的女人和愚蠢的女人。

我的思想却把每个女人都看做是男人的母亲、姐妹或女儿。

你的思想的臣民不外乎是小偷、罪犯和谋杀者。

我的思想断言小偷是垄断的产物，罪犯是暴君的后代，谋杀者和杀人者皆属同类。

智者伴你领悟人生

你的思想描述法律、法庭、审判和惩罚。

我的思想则解释人们在制定法律的时候，既不想违犯它也不想遵守它。如果有一条基本的法律，那么，我们在它面前必须得到同样的对待。

你的思想关心有技巧的人、艺术家、知识分子、哲学家和牧师。

我的思想谈及爱情、挚爱、真诚、诚实、坦率、仁慈和牺牲。

你的思想拥护犹太教、婆罗门教、佛教、基督教和伊斯兰教。

在我的思想里却只有一个普通的宗教，它的各种不同的途径只不过是上帝仁慈的手指。

在你的思想里有富人、穷人和乞丐。

我的思想里却没有财富，只装着生活，我们全是乞丐，没有慈善者存在，只有生活本身存在。

你有你的思想，我有我的。

思想与意志

〔苏联〕高尔基

思想看到凶恶的憎恨的力量，她明白，如果摘下憎恨所戴的手铐，它将毁灭世上的一切，甚至连正义的幼芽也不放过。

思想是人的自由的女友，她用锐利的目光到处观察，并毫不容情地阐明一切：

"爱情在玩弄狡猾庸俗的诡计，一心想占有自己的情人，总在设法贬低别人并委屈自己，而在她背后却藏着一张充满肉欲的肮脏面孔；

"希望是懦弱无力的，而躲在她后面的是她的亲姊妹——谎言。谎言穿着盛装，打扮得花枝招展，时刻准备用花言巧语去安慰并欺骗所有的人。"思想在友

谊那颗脆弱的心里看到它的谨小慎微，它的冷酷而空虚的好奇心，还看到嫉妒心的腐朽斑点，以及从那里滋生出来的诽谤的萌芽。

思想看到凶恶的憎恨的力量，她明白，如果摘下憎恨所戴的手铐，它将毁灭世上的一切，甚至连正义的幼芽也不放过。

思想发现呆板的信仰拼命地攫取无限的权力，以便奴役一切感情，它藏着一双无恶不作的利爪，它沉重的双翼软弱无力，它空虚的眼睛视而不见。

思想还要同死亡搏斗。思想将动物造就成人，创造了神灵，创造了哲学体系以及揭示世界之谜的钥匙——科学。自由而不朽的思想憎恶并敌视死亡——这毫无用处却往往那么愚昧而残暴的力量。

死亡对于思想就像一个捡破烂的女人，徘徊在房前屋后、墙角路旁，把破旧、腐烂、无用的废物收进那龌龊的口袋，有时也厚颜无耻地偷窃健康而结实的东西。

死亡散发着腐烂的臭气，裹着令人恐惧的盖尸布，冷漠无情、没有个性、难以捉摸，永远像一个严峻而凶恶的谜站立在人的面前，思想不无妒意地研究着她。那善于创造、像太阳一样明亮的思想，充满了狂人般的胆量，她骄傲地意识到自己将永垂不朽……

斗志昂扬的人就这样迈开大步，穿过人生之谜构成的骇人的黑雾，迈步向前！不断向上！永远向前！不断向上！

希 望

〔苏联〕邦达列夫

各式各样的"征服"最终是反人类的，因为它要破坏自然、生存所必需的一切：水、空气和星球本身。

机械般的现代文明无论走过了多么虚假的曲线，无论它是如何企图以物质偷换人们的灵魂，以种种廉价的快乐的小玩意儿暗中替换道德，但最主要的一点依然未变——这就是伟大而简单的生之原理。

　　想象一下那毫无生命气息的、空荡荡的地球，它立即失去了意义。它为什么而存在？它为谁而存在？有谁需要它的森林、草原、河流和田野？如果没有人类，所有这一切连同存在着的美都将变为不必要的、无用的、死亡的东西。只有人类才使宇宙结构获得了意义和目的。

　　人类现在是前所未有地被分隔开来了，但它却是被一个事物联结在一起，那就是所有的人共有的地球。因为在我们力所能及和认识能达到的范围里，没有第二个地球，没有类似的第二种生命。有时听到某些喜欢空洞叫喊的哲学家兴高采烈地宣告我们即将征服宇宙，征服太阳系的各星球以建立新的生活，我就感到很奇怪。要建立什么样的生活？为什么？难道在地球上就那么拥挤吗？

　　各式各样的"征服"最终是反人类的，因为它要破坏自然的、生存所必需的一切：水、空气和星球本身。

　　在19世纪曾有人发现，某个彗星将会擦及地球，那时地球将会被整个翻转过来，毒气蒸发，半小时内人们就将没有空气可呼吸，这就是人类历史的终点。可现在问题不在于彗星，而在于原子战争的威胁。这种战争能把我们的星球变为一粒死沙，飘扬在没有生命气息的宇宙空间。今天我们每一个地球上的居民已经分摊到10吨炸药和以百万计的爆炸品，这是何等的疯狂！对于唯一的、脆弱的人类生命来说，这不是太多了吗？！人类的未来系于千钧一发。今天，通向希望的钥匙还没有完全失落，明天却可能会丧失。但我们毕竟是怀着希望而生活着，怀着希望在地球上行走，我们同时也满怀希望地相爱、高兴、痛苦、生儿育女、行善行恶、嫉妒、谩骂、建设，并且期望着未来，相信着人类。

　　在我写作一部描述我们今天忧虑不安生活的小说时，我想到的就是这一希望，我不相信虚伪的乐观，而相信理智，相信健康的思想，相信人类的互相凝聚，而不是疏远。

走入梦想

〔美国〕亨利·梭罗

<u>我离开森林，就如同我进入森林，有一样的好理由。</u>

　　一个比较清醒的人将发现自己"正式违抗"所谓"社会最神圣法律"的次数太多了，因为他服从一些更加神圣的法律，他并非故意这样做，这测验了他自己的决心。其实他不必对社会采取这样的态度，他只要保持原来的态度，仅仅服从他自己的法则，如果他能碰到一个公正的政府，他这样做是不会和它抵触的。

　　我离开森林，就如同我进入森林，有一样的好理由。我觉得也许还有好几个生命可过，我不必把更多时间交给这种生命。惊人的是我们很容易糊里糊涂习惯于一种生活，踏出自己的一定轨迹。在那儿住不到一星期，我的脚就踏出了一条小径，从门口一直通到湖滨，距今不觉五六年了，这小径依然在。是的，我想是别人也走了这条小径了，所以它还在通行。大地的表面是柔软的，人脚留下了痕迹。同样的是，心灵的行程也留下了路线。想想人世的公路如何被践踏得尘埃蔽天，传统和习俗形成了多么深的车辙！我不愿坐在船舱里，宁肯站在世界的桅杆前与甲板上，因为从那里我更能看清群峰中的皓月。我再也不愿意到舱底去了。

　　至少我是从实验中了解这个的：一个人若能自信地向他梦想的方向行进，努力经营他所向往的生活，他是可以获得通常情形下意想不到的成功的。他将越过一条看不见的界线，他将把一些事物抛在后面。新的、更广大的、更自由的规律开始围绕着他，并且在他的内心里建立起来。或者旧有的规律将扩大，并在更自由的意义里得到有利于他的新解释，他将拿到许可证，生活在事物的

更高级秩序中。他自己的生活越简单，宇宙的规律也就越显得简单，寂寞将不成其为寂寞，贫困将不成其为贫困，软弱将不成其为软弱。如果你造了空中楼阁，你的劳苦并不是白费的，楼阁应该造在空中，但是要把基础放到它们的下面去。

理性生存

〔俄国〕列夫·托尔斯泰

他们自问，我们在什么时候，有多长时间，在何种条件之下才拥有理性的意识。

人开始以真正的生命生活，就是说他上升到凌驾于动物的生命之上的某种高度，从这个高度上他看到自己的动物性生命的虚幻，这个生命不可避免地要以死来结束。他也看到，处于水平状态的生命被无底的深渊从所有方面隔断了，由于他不承认这种上升就是生命本身，他被从这个高度上看见的东西吓呆了。他非但不承认这个使他上升的力量就是自己的生命，非但不按着向他展示出来的方向前进，反而被那个高度所揭示的东西吓呆了，他故意要往下坠落，尽可能躺得更低些，以便不再看到四周全是深渊的境地。但是理性意识的力量又使他提升了，他重新看到那一切，又一次被吓呆，而为了不再看见，再一次向大地坠去。这种反复会一直继续下去，直到我们最终认为，为了摆脱对不断牵引它走向死亡的运动的恐怖，他应该明白，他在水平面上运动——即他在时间和空间上的生命存在，并不是人的生命。他应该明白，只有在向上运动中，即在他的个性对理智规律的服从之中，才包含了幸福和生命的可能性。他还应当明白，有一双翅膀，他才能飞临深渊之上，假如他没有这双翅膀，他就永远也不能飞临到那样的高度。永远也不能看见这个深渊。他应当相信自己的翅膀，飞

向它们带领他去的地方。

只是由于缺少信仰，那最初看起来很奇怪的现象才会发生，才会使真正生命产生动摇，才想中止它，才会产生意识的分裂。

只把自己的生命理解成动物性生命，看成是受时空规定的存在物，那么人就感到理性的意识在自己的动物性存在中只是不时地出现的。人们如果这样看待自己身上表现出来的理性意识，人们就要自问，他的理性意识是在什么时候、在什么条件下才出现的。但是人们无论怎样考察自己的过去，他永远也不会找到理性意识发生的时间。他会永远觉得，理性意识或许从来就没存在，或许它一直存在着。如果他感觉到同理性意识的距离，那是因为他不承认生命就是理性意识的生命。在把自己的生命当做动物的生命来理解，当做受空间和时间条件规定的东西来理解的同时，人们就很想用这样尺度来衡量一下理性意识的苏醒和活力。他们自问，我们在什么时候，有多长时间，在何种条件之下才拥有理性的意识。只有对于那种把自己的生命看做是动物性生命的人来说，理性生命的苏醒才是有分段间隔的。对于那些把自己的生命看做是生命存在于其中的理性意识活动的人，这种间隔不可能存在。

青少年智慧人生丛书

第八辑
追逐缪斯的神光

如果没有艺术,现实的粗陋会使天下万物不能忍耐。

——萧伯纳

发现花未眠

〔日本〕川端康成

<u>事物好不容易如愿表现出来的时候，也就是死亡。</u>

我常常不可思议地思考一些微不足道的问题。昨天来到热海的旅馆，旅馆的人拿来了与壁龛里的花不同的海棠花。我太劳顿，早早就入睡了。凌晨四点醒来，发现海棠花未眠。

发现花未眠，我大吃一惊。葫芦花、夜来香、牵牛花和合欢花，这些花差不多都是昼夜绽放的。花在夜间是不眠的。这是众所周知的事，可我仿佛才明白过来。凌晨四点凝视海棠花，更觉得它美极了。它盛放着，含有一种哀伤的美。

花未眠这众所周知的事，忽然成了我发现花的机缘。自然的美是无限的，人感受到的美却是有限的。正因为人感受美的能力是有限的，所以说人感受到的美是有限的，至少人的一生中感受到的美是有限的，是很有限的。这是我的实际感受，也是我的感叹。人感受美的能力，既不是与时代同步前进，也不是随年龄而增长，凌晨四点的海棠花，应该说也是难能可贵的。如果说，一朵花很美，那么我有时就会不由自主地自语道：要活下去！

画家雷诺阿说：只要有点进步，那就是进一步接近死亡，这是多么凄惨啊。他又说：我相信我还在进步。这是他临终的话。米开朗基罗临终的话也是：事物好不容易如愿表现出来的时候，也就是死亡。米开朗基罗享年89岁，我喜欢他的用石膏套制的脸型。

毋宁说，感受美的能力发展到一定程度是比较容易的。但光凭头脑想像是困难的。美是邂逅所得。是亲近所得。这是需要反复陶冶的。比如唯一一件古代艺术成了美的启迪，成了美的开光，这种情况确实很多。所以说，一朵花也

是好的。

凝视着壁龛里摆着的一朵插花,我心里想道:与这同样的花自然开放的时候,我会这样仔细凝视它吗?只摘了一朵花插入花瓶,摆在壁龛里,我才凝神注视它。不仅限于花,就说文学吧,今天的小说家如同今天的歌人一样,一般都不怎么认真观察自然,大概认真观察的机会很少吧。壁龛里插上一朵花,再挂上一幅花的画。画得美,不亚于真花的当然不多。在这种情况下,要是画作拙劣,那么真花就更加显得美。就算画中花很美,可真花的美仍然是很显眼的。然而,我们往往仔细观赏画中花,却不怎么留心欣赏真的花。

风景的情调

〔德国〕齐美尔

<u>我们把风景特有的情调注入心灵中第二位的,从原有生活中只保留无特殊影响的层次。</u>

所谓情调当然不可以理解成我们为了描述的方便而将各种各样情调的共同点归纳起来的抽象概念。我们说景色令人心旷神怡或者肃穆,气势磅礴或者单调无味,令人心情激动或者忧郁。我们把风景特有的情调注入心灵中第二位的,从原有生活中只保留无特殊影响的层次。更确切地说,这里所指的风景的情调绝对就是这个风景的情调,绝不会是另一个风景的情调,尽管人们或许可以将两个风景概括起来共同理解,例如都理解为忧郁。当然,对以前已经定型的风景也可以说成这样的有典型概念的情调。但是风景本身特有的,其每一线条的变化都可能变成另一风景的情调(这种情调是内在的),是和风景的形成统一共生的,是不可分割的。

有一种普遍的错觉认为,风景的情调只能在那些文学抒情的一般感情概念中寻觅，这就影响了对造型艺术、甚至对形象的理解。一个风景真正具有独特个性的情调很少像用概念来描述它那样，用抽象的概念来表达的。如果情调正是风景在观察者身上激起的感情，那么这种感情的真正特点只和这个风景紧密相依。只有当我忘却了感情的紧密相依和真实的特性存在，我才能将感情归纳成忧郁或欢乐、严肃或激动的普遍概念。

情调虽然是共同的，即不附属于风景的某一个部分，但也并非意味着它是许多风景的共同概念，所以不能把情调和风景的产生，即所有风景素材的统一形成视为同一种行为，就好像我们的各种心灵力量——直观和感觉——是不会异口同声、众口一词的。偏偏在风景面前，偏偏在自然存在的统一力图将我们像对风景那样也包括在内这一点上，分成直观的"我"和感觉的"我"，这就错上加错了。我们是作为整个人类出现在风景——不管是自然的风景还是人工的风景——面前的，为我们创造风景的行为本来就是观察和感受的行为，只有在考虑到它们的区别时，才是分裂的行为。艺术家不过是喜欢根据观察和感觉进行造型活动的人，他们纯真，有活力，他们完全吸收现成的自然素材，然后根据自己的理解重新创作。而我们则总是受这些素材的约束，习惯于在艺术家真正看"风景"和塑造"风景"的地方察看这个或那个特殊的东西。

在山口

〔德国〕黑塞

陶醉的心情不复存在了。向我全身心的爱展示美丽的远方和我的幸福的愿望，也不复存在了。

到了山口的高处，我站住脚。下山的道路通向两侧，水也流向两侧，在这高处，紧挨着的、手携手的一切，都找到了各自的道路通往两个世界。我的鞋

子轻轻触过的小水潭泻向北方，它的水流入遥远的寒冷的大海。紧挨着小水潭的小堆残雪，一滴滴雪水流向南方，流向利古里亚和亚得里亚海岸汇入大海，这大海的边缘是非洲。但是，世界上所有的水都会重逢，冰海和尼罗河融合成潮湿的云团。这古老、优美的譬喻使我感到这个时刻的神圣。每一条道路都引领我们流浪者回家。

我的目光还可以选择，北方和南方都在视野之内。再走50步，我眼前展开的就只有南方了。南方从浅蓝的山谷里向山上呼出多么神秘的气息啊！我的心多么急切地迎着它跳动啊！对湖泊和花园的预感，葡萄和杏仁的清香，向山上飘来，还有关于眷念和罗马之行的古老而神圣的传说。

回忆像远方山谷里的钟声从青春岁月里向我传来：我首次去南方旅行时的兴奋心情，我如何陶醉地吸着蓝色湖畔的花园里浓郁的空气，夜晚时又如何侧耳倾听苍白的雪山那边遥远的家乡的声息！在古代神圣的石柱前的第一次祈祷！第一次像在梦中那样观赏褐色岩石背后泛起白沫的大海的景象！

陶醉的心情不复存在了，向我全身心的爱展示美丽的远方和我的幸福的愿望，也不复存在了。我心中已不再是春天，而是夏天。陌生人向站在高处的我致意，那声音听来是另一种滋味。它在我胸中的回响更无声息，我没有把帽子抛到空中，我没有歌唱。

但是我微笑了，不只是用嘴。我用灵魂，用眼睛，用全身的皮肤微笑，我用不同于从前的感官，去迎向那朝山上送来芳香的田野，它们比从前更细腻，更沉静，更敏锐，更老练，也更含感激之情。今天，这一切比往昔越发为我所有，同我交谈的语言更加丰富，增加了成百倍的细腻程度。我的如醉的眷念不再去描绘那些想象朦胧远方的五彩梦幻，我的眼睛满足于观看实在的事物，因为它已经学会了观看。从那时起世界已变得更加美丽。

世界已变得更加美丽。我独自一人，不因孤单而苦恼。我别无愿望。我准备让太阳将我煮熟，我渴望成熟。我准备去死，准备再生。

第八辑 追逐缪斯的神光

赏 画

〔法国〕德拉克洛瓦

艺术家看着自己的调色板，就像战士看着自己的武器，马上就得到信心和勇气。

绘画是一种简单的艺术。观众应该直接面对绘画，这不要求观众做任何努力——看看画就够了。读书就不一样。书要去买，一页一页地读。先生，你听见没有？况且，为了理解书的内容，读者往往还要付出很大的努力。

绘画处理的只是一刹那的场面。但是，难道在画中不是包含着既有一刹那，同时又有细节和物体的方面吗？每一位文学家归根到底竭力追求的是什么？他希望他的作品被他人读过之后，产生一幅画能立刻产生的那种作用。

画有时候应该为真实性或者表现力做出牺牲，正好像诗人为了和谐而不得不更多地在这方面做出牺牲一样。

因此，了解作品是困难的，而要躲开作品几乎也一样困难。韵脚在诗人的书房外面向他求爱，在树林里等待他，成为他的有无限权力的主人。绘画则不同，它是艺术家的可靠的朋友（他偶尔从思想上信赖它），而不是一个掐住他的脖子，使他无法躲开的暴君。

大家知道，不好的将军可能打胜仗，因为在战争中，走运等于才能，甚至有时走运更重要。但是，不好的艺术家却从来创作不出好作品。在战争中，正好像在狂热的赌博中一样，用兵的艺术改正了命运的过失，或者给它以帮助。据说，天才们可能也是偶然的走运。确实，艺术家们会有走运的时候，但是，只有好的艺术家才会成功。

就像外科医生一样，艺术家是用手工作的，但是与前者不同的是，手的灵

巧对艺术家来说，不是对他评价的标准。

不能否认，有一些题材和画种，允许一定的宏伟气氛，甚至铺张的手法。例如壁画等。

艺术家看着自己的调色板，就像战士看着自己的武器，马上就得到信心和勇气。

杰出的素描标明着画坛的暂时衰落。

科隆——城市自治局——文艺复兴——往前是小巧的极美的柱廊。和以前相比，我们今天的作品是多么差劲！每一个时代都在所有的古代作品中作出贡献，但并不破坏总的和谐。

画技之外

〔意大利〕达·芬奇

<u>凡是抛开自然，这个一切大画师的最高向导，而到另外的地方去找标准或典范的人们都是在白费心血。</u>

我认为一个画家能使他所画的人物有一副悦人的样子，这个本领不算小。生来没有这本领的人也可以抓住机会勤学苦练，学得这本领，方法如下：经常留心从许多美的面孔上选出最好的部分，判断这些面孔的美，须根据公论而不是单凭你个人的私见，因为你很容易自欺，只选和你自己的面孔有些类似的面孔，这种类似往往使你高兴。如果你丑，你就不会选美的面孔，而会选一些丑的面孔，许多画家往往如此，他们所画的典型人物就像他们自己。所以我劝你选些美的面孔，将它们牢记在心。

画家如果拿旁人的作品做自己的标准或典范，他画出来的画就没有什么价值。如果努力向自然事物学习，他就会得到很好的结果。罗马时代以后画家的

情况就是这样，他们不断地互相模仿，他们的艺术迅速地衰颓下去，一代不如一代。

接着佛罗伦萨人乔托起来了。他是在只有山羊和其他野兽居住的寂静山区里生长起来的，他直接从自然转向艺术，开始在岩石上画他所看管的山羊的运动，画乡间可以见到的一切动物的形状，经过辛苦钻研，他不仅超过了当代的画师，并且超过了前几百年所有的画师。乔托之后，艺术又衰颓下去，因为大家全都模仿现成的作品。艺术继续衰颓了几百年，一直到佛罗伦萨人托马索出来用他的完美艺术证明了这个事实：凡是抛开自然，这个一切大画师的最高向导，而到另外的地方去找标准或典范的人们都是在白费心血。凡是只研究权威而不研究自然作品的人在艺术上都只配做自然的孙子，不配做自然的儿子，因为自然是一切可靠权威的最高向导。

那些指责从自然学习，而不指责也是从自然学习的权威的人是极端愚蠢的。

音乐的属性

〔英国〕伍尔芙

这节奏是我们生来俱有的，所以我们永远不可能让音乐沉默下来，恰如我们无法让心脏停止跳动一样。

那些若无其事地声称自己（宛如在坦白他们具有某种人类常见的免疫力似的）无法欣赏音乐的人的数量正在增加，尽管对此供认不讳本来是应该和承认自己是色盲一样令人担忧。为此，乐神的使节教授和演出音乐的方式在一定程度上必须承担责任。正如我们所知道的，音乐是危险的，而那些教音乐的人没有勇气把音乐的力量给予音乐，因为他们害怕那将在孩子身上发生的情况——在喝了这样一剂毒药以后，节奏与和声就像干枯的花朵一样，被压缩进干净利

落地划分开来的音阶以及钢琴的全音程和半音程里。音乐最安全和最容易的属性——它的曲调——是教给了孩子，但是作为音乐灵魂的节奏却被允许像有翅翼的生物一样逃逸了。于是，那些学过安全的音乐知识的有教养之士就是那些经常"夸耀"自己需要音乐之耳的人。而那些节奏感从未被分离或附属于曲调感的无知无识者，则是挚爱着音乐并且经常创作音乐的人。

也许确实是这样：节奏感在那些心灵还未被精心地训练去追求别的东西的人们那儿要更为强烈些。同样，没有任何文明艺术的野蛮人，在他们能对音乐做出适当的反应前，对于节奏就极其敏感。心灵中的节拍接近于身体脉动的节拍，故而虽然许多人对曲调一窍不通，却几乎没有人是马马虎虎的，以致在话语、音乐以及运动中竟听不到自己心脏跳动的节奏。就是因为这节奏是我们生来俱有的。所以我们永远不可能让音乐沉默下来，恰如我们无法让心脏停止跳动一样。也正是因为这个理由，音乐才具有了全球性，才拥有那种自然的奇异而无限的能力。

尽管有着所有那些我们用以抑制音乐的手段，可是每当我们让自己放纵于音乐时（没有任何美妙的绘画或庄重的文字能具有音乐的影响力），它仍然能够支配我们。满屋文明人在乐队的伴奏下按着节律移动是我们已习惯了的一种奇特景象，但是也许将来有一天，它将显示出存在于节奏的力量中的巨大可能性，而我们的整个生活都将因之发生翻天覆地的变化，恰如人类初次意识到蒸汽的力量一样。

均衡的节奏

〔古罗马〕奥古斯丁

一切单一体必须有一个中心位置，以便在从任何一边到中心的任何一部分之间保持均衡。

第八辑　追逐缪斯的神光

灵魂具有认识永恒事物的能力，因为灵魂紧紧依附于这些事物，但是同时，灵魂又没有力量这样做。为了找到其原因，我们必须观察最能引起我们注意的事物，必须观察我们最关心的事物，因为这种事物是我们比较喜爱的。我们爱美的事物，的确，也有人毁灭美，他们是腐烂事物的喜爱者。但是，至关重要同时又使人感觉讨厌的东西，也就是最令人反感的东西。美的东西以自身的比例令人愉快。

正如我们所说的，均衡不仅在听到的声音中，在身体的运动中能够找到，而且在可见的许多形式中都能找到。在这些形式中比起在声音中，人们更加习惯于将均衡看做是美。如果没有均衡，即没几对相同的部分互相对应，也就没有匀称或节奏感。一切单一体必须有一个中心位置，以便在从任何一边到中心的任何一部分之间保持均衡。可见光左右着一切颜色，而颜色当然又是各种物体形式使人感到愉快的根源。在一切光和一切颜色中，我们追求与我们的眼睛和谐的东西。正像我们回避强音，但又不喜欢太低的声音一样，我们同样回避强光，但也不喜欢看光线太暗的东西。节奏不决定于时间间隔的长短，而是决定于实际声音的强弱，这种实际声音的强弱就是节奏中的光。这种声音与沉寂是相对的，正像黑暗与光明是相对的一样。在这一切过程中，我们都是根据我们本性的能力而行动，根据产生的愉快而探索，或者根据产生的厌恶而拒绝，尽管我们感觉到，我们所厌恶的东西常常是其他动物所喜欢的东西。实际上，我们最感到高兴的是均衡的形式，因为我们发现，以与我们通常的思维相去很远的方式，为了互相对称，已经提供了均衡的条件，在嗅觉、味觉和触觉中，同样可以看到这种现象，并易于对它们进行探索。但是，要想详细地解释其中的奥妙则需要很长的时间。一切能感觉到并令人愉快的事物都是由于均衡或相似而使我们产生快感。凡是存在均衡或相似的地方，就存在着节奏，因为任何东西都不会像一与一那样相等或相似。

拙劣的音乐

〔法国〕普鲁斯特

<u>一本翻破了的拙劣浪漫曲的曲谱犹如一处坟地或一个村寨使人们怦然心动。</u>

请你们憎恨拙劣的音乐而千万不要等闲视之。人们演奏、演唱得更多更有激情的是拙劣的音乐而非优美的音乐,逐渐充盈人们的梦幻和眼泪的拙劣音乐远远多于优美的音乐。由此可见,拙劣的音乐令人肃然起敬。它在艺术史上不登大雅之堂,却在社会情感史上举足轻重。对拙劣音乐的尊重,我不是指爱慕,不仅仅可以称之为对美好情趣的宽大或者对此表示怀疑的一种形式,而且是对音乐的社会作用的重要性的认识。

有多少在艺术家眼里分文不值的旋律被成千上万热恋中的浪漫青年引为知己。有多少曲《金指环》、《啊!久久地沉睡吧》让人世间最美丽的眼睛充满泪水,知名人士的手每天晚上颤抖着翻过这些乐谱。名副其实的大师会羡慕这种忧郁而又快意的贡品——才华横溢而且启迪灵感的知己激发了梦幻,使忧郁变得高尚,进而呈现出令人陶醉的美之幻境作为对人们赋予它们的神秘热情的报答。人民、资产阶级、军队、贵族都属于同样的范畴,怀着打击他们的悲哀和满腔的幸福,他们都有同样隐藏不见的爱之使者,同样衷心爱戴的忏悔神甫,那就是拙劣的音乐家。这些令人恼火的,让极有音乐天赋、教养良好的人充耳不闻的老调子却收到了发自千万人心灵的瑰宝。为千万人的生活保守秘密、给这些人以生动的启示、自始至终的安慰的乐谱,永远搁在钢琴的谱架上并且微微翻开,那是梦寐以求的美惠和理想。这样的乐音、这样的"再现",在恋人或梦幻者的心灵中回荡出天堂的和谐或心上人的声音。一本翻破了的拙劣浪漫曲的曲谱犹如一处坟地或一个村寨使人们怦然心动。房屋不成格调,坟墓淹没在

品位低劣的墓碑和点缀之中又有何妨。在一种非常惬意和恭敬,足以暂时掩饰其美学缺陷的想象面前,这种尘垢会消散而去。云集的灵魂嘴里衔着让他们预感到来世的那个绿色的梦,他们即将在这个世界中欢乐或者哭泣。

舞　蹈

〔美国〕苏珊·朗格

当你欣赏舞蹈的时候,你并不是在观看眼前的物质物——向四处奔跑的人、扭动的身体等,你看到的是几种相互作用着的力。

只有用幽默或夸张的语言交谈时,我们才说:"母亲创造了甜饼。"然而,当我们提及一件艺术品的时候,却真心实意地称它是一种"创造物"。由此便自然地引出这样一个哲学问题:"创造"这个词的意思是什么?我们究竟创造了什么?如果我们持续对这个问题探究下去,它就会引出一连串与这个问题相关的其他问题,比如,艺术家在艺术作品中创造了什么?他创造这些东西的目的是什么?这些东西又是怎样被创造出来的?等等。要回答这一连串的问题,就必然会涉及艺术哲学中所有重要的概念,如幻象或想象、表现、情感、动机、转化等等。当然,还有其他一些概念,但是,它们都是互相联系着的。

在一次讲演中,不可能涉及所有艺术门类,否则就容易混淆某些重要的原理和含义。既然我们眼前关心的是舞蹈,那就让我们缩小讨论的范围,集中来谈谈舞蹈艺术。我所要提出的第一个问题是:舞蹈家创造了什么?

很显然,舞蹈家创造的是舞蹈。如上所述,舞蹈家并没有创造出构成舞蹈的物质材料,既没有创造出舞蹈演员本人的身体,也没有创造出演员身上所穿的服装、舞台地板、周围空间、灯光照明、乐曲、重力和其他设备。演员只是利用了这一切东西,创造出与这些物质不同且高于这些物质的东西——舞蹈。

那么，什么是舞蹈呢？

舞蹈是一种形象，也可以将它称为一种幻象。它来自于演员的表演，但又并非等同于这表演。事实上，当你欣赏舞蹈的时候，你并不是在观看眼前的物质物——向四处奔跑的人、扭动的身体等，你看到的是几种相互作用着的力。正是凭借这些力，舞蹈才显出上举、前进、退缩或减弱。不管是在单人舞中，还是在集体舞中；不管是在托钵僧舞那激烈的旋转动作中，还是在那些缓慢、有力而又单一的动作中，仅仅靠人的身体，就可以将那种神秘力量的全部变幻展现在你的眼前。然而这些"能"或者说看上去似乎在舞蹈中起作用的"力"，并不是由演员的肌肉活动所产生的那些引起实际动作的物理力。我们眼睛看到的这种力（因而也是最可信的力）是为知觉而创造的，因而也是专门为知觉而存在的。

永恒的诗

〔英国〕劳伦斯

没有确定的结果，有的只是生活本身的特性——刻不容缓、没有收场和结束。

生命，永恒的存在，没有结局，没有彻底的完成。完美的玫瑰只是流动的火焰，涌现，复又消逝，从来不曾有休息、静止和完成的时候。这儿有超验的神秘，整个生命之潮和时间之潮突然涨起，像幽灵，像幻影一样出现在我们面前。让我们来看看初生物白垩色的内核。睡莲从水中抬起头看着周围，突然出现，又突然消失，我们已经见过了那个化身，那常常打着漩涡的水的中心。我们已经见到了无形之物，我们看见了，我们触摸到了，我们参与了生命变化即生物变种的实质。如果你和我谈论荷花，你也就告诉了我不变和永恒的虚无，告诉了我无穷无尽、不断闪现的生命火花的奥秘，告诉了我流动的化身，变异的花朵，以及在转化中出现的欢笑和腐败。这一切运动都在我们面前暴露无遗。

让我在我的荷花中感觉污泥和天堂，让我感觉那沉重的、淤塞的污泥和台风的中心。让我在最纯粹的接触中感觉它们。不要给我固定的、定形的和静止不变的东西。不要给我无限或永恒，无限的虚无和永恒的虚无。给我瞬时的、白色的炽热，以及处在炽热时刻的冷酷和炽热：这个时刻就是瞬时的存在，即现在。瞬时不是向下流淌的一滴水。它是源头和主流，是溪流的泉眼。这儿，就在这个时刻，时间之流从未来之泉中汩汩流出，流向过去的大海。这个源头和主流，就是有创造力的核心。

有关无限过去和无限未来的诗，也有关于瞬时存在的即时诗。关于物质化的现在的诗是最崇高的，甚至超越了未来和过去永恒的杰作。在这个激动人心的瞬时，它超越了水晶、珍珠般的瑰宝以及关于永恒的诗。不要去询问那不断的、无始无终的杰作的质量。去打听打听污泥沸腾的白沫，天塌时出现的腐烂，以及永不停息、永不终止的生命本身吧，那儿一定存在着某种突变，比彩虹的消失还要迅捷，还要匆忙。它从不休息，来来去去，从不凝滞。没有确定的结果，有的只是生活本身的特性——刻不容缓，没有收场和结束。在永不可测的造物过程中相遇的事物之间，一定存在着瞬时即逝的联系，任何事物本身都处在迅速流动变化的关系之中。

这就是骚动不息的、捉摸不透的纯粹现时的诗。它的永恒性在于风一样的运行中。惠特曼的诗是其中最好的，没有开始，也没有结束。没有地基，也没有山墙，它永远刮着，就像风永不停息，无拘无束。

诗才的特征

〔英国〕柯勒律治

<u>一个人，如果不是一个深沉的哲学家，他决不会是个伟大的诗人。</u>

良知是诗才的躯体，幻想是它的衣衫，运动是它的生命，而想象则是它的灵魂，无所不在，贯穿一切，把一切塑造成为一个有风姿、有意义的整体。

心灵里没有音乐的人，决不能成为一个真正的诗人。形象（取自自然的，尤其是从书本中来的，例如从旅行、航行，以及从自然史的作品中间接得来的）、动人的事件、合理的思想、有意思的个人或家庭情感，把这一切组织合并成为诗歌的艺术，是可以通过不断的努力学到的，像学一种职业技艺那样。但音乐的快感和给予这快感的能力，是要依靠想象得来的。这种能力，和能把缤纷万象简化为统一作用的本领，是可以培养、改进的，但是学不来。

形象本身，无论多么美，多么忠实地被从自然抄袭下来，多么准确地被用词语表达出来，都不能说明诗人的本质。只有在下列情况下，形象才变成独创天才的印证：这就是，当形象受到主导热情的陶冶，或受到主导热情所唤醒的联想和形象的陶冶的时候；或是当形象达到能够化多样为统一、变持续为刹那的程度的时候，当形象从诗人的精神中接受过来一种富有人性和智力的生命的时候。

当形象为诗人心中占首要地位的情境、激情或性格，予以形体的塑造、色调的适应的时候，它也就具有最高的价值，这无疑说明了诗才的特征。

我还应当提起最后一个特征。这特征，除掉和上面各点共存，本身不能证明什么，然而没有它，上面各点也不能达到高度的发展，即使有发展，也只能是短暂的闪烁、瞬息的光芒。那就是思想的深度和活力。一个人，如果不是一

个深沉的哲学家，他决不会是个伟大的诗人。

莎士比亚是自然的宠儿，自发的天才，他并不是灵感的消极工具，被精神所掌握而不掌握精神。他首先耐心研究，深刻静思，细腻了解，一直到知识变成了习惯，变成了本能，和他的惯有感情相结合，最后产生出他那无比伟大之力，独步人间，在他本行内，没有对手，没有第二人。

作 诗

〔罗马尼亚〕尼基诺·斯特内斯库

美之所以成为美，并非因为大自然的美能通过自身表现出来，而是因为诗——存在于人的心灵里并由诗人表达出来的诗。

对我来说，诗是艺术的引力场，而且恕我斗胆地说，诗尽管有成千上万种形式，但它归根结底是一般认识——不仅限于艺术——的引力场。没有诗，我们就不能生活。各国人民的民族文化证明了这个带有必然性的事实，因为民族文化归根结底体现了各国人民的特殊性以及全球的精神交流。几千年前尼罗河上一只划桨的船可以给予我们关于当时航海科学的观念，但一座金字塔向我们说明的不仅是一个民族的价值，而且是整个人类的心灵的价值以及超出时间和空间的永恒的精神交流的价值。

但是，诗的需要不仅是超出时间和空间的，而且也是直接的。人与其他任何事物不相同的特殊差异以及人与人之间的特殊差异，亦即写出来的或者没有写出来的诗，是人的任何活动的组成部分，成为而且应该成为一切人的财富，社会和民族的财富。

随着诗作为一种现象深入每个人的心灵，上述情况越发清楚。社会给予群众的余暇时间越多，蕴藏在每个人心中的诗就越是渴望得到表现。

诗不仅仅是艺术，它还是生活本身，是生活的灵魂。诗首先借助艺术来表达，但又不仅借助艺术。将诗仅仅理解成艺术，这贬低了诗的概念。它不是某些人所说的生存方式，而是生存的基本组成因素。

我们不能虚构感情。我们只能发现和表达感情——爱与憎，并使这样的感情贴近自己的心或者将它们摒弃。

对诗的创作活动，应该进行十分细致的解释和理解。它主要是建立在诗人的命运的基础上，但也与诗本身的社会命运相关。可以说，诗人实际上是他的人民、他的国家的财产，而不属于他自己。美之所以成为美，并非是因为大自然的美能通过自身表现出来，而是因为诗——存在于人的心灵里并由诗人表达出来的诗。

我曾对友人说过，真正的诗人不是作家。写作的艺术和作家的概念包括小说家、戏剧家和评论家。真正的诗人不是作家，却又是作家。

如果说小说家可能虚构，画家可以有幻觉，那么只有当诗人也是小说家时才虚构，只有当他也是画家时才有幻觉。真正的诗人不虚构，他表现人们心灵中的诗，从人们的心灵中发现诗，与人们心灵中的诗同命运、共呼吸。只有这样，诗人才能受到人们的信赖，才能具有影响。

创造性天才

〔英国〕艾迪生

在古人中，在世界远东地区的人中，可以发现许多伟大的天才人物，他们从来不受艺术规则的束缚和限制。

在伟大的天才人物之中，只有少数人赢得了全世界的赞赏，并以人类奇才之称崭露头角，他们创作出令时人喜爱，令后人惊叹的作品，靠的只是天赋才

第八辑 追逐缪斯的神光

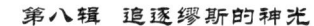

情,而并非求助于技巧或学识。在这些伟大的天才人物身上,似乎有些宏伟的狂放和铺张,这些东西的美是法国人称之为文人才子的所有品格和修饰的美所远远不能比拟的,他们靠这些东西表现出一种天才,而这种天才是在交际、思考和阅读最高雅的作品的过程中培育成的。那些涉猎过高尚艺术和科学的伟大天才,从中捕捉到一些气息,就不可避免地陷入模仿。

在古人中,在远东地区的人中,可以发现许多伟大的天才人物,他们从来不受艺术规则的束缚和限制。在荷马的作品中,想象的奔放是维吉尔力所不及的,而在《旧约全书》中我们看到,有些章节又比荷马作品中的任何章节都更为庄严和崇高。在认为古代人是更伟大和更富于魅力的天才的同时,我们必须承认,他们中间最伟大的人物可以说远远不能超过现代人的精细与恰切。在他们的明喻和暗喻中,假如存在着某种相似性,他们也就不会为比喻的合宜而过分自寻烦恼。例如,所罗门把他爱人的鼻子比作面朝大马士革的黎巴嫩塔楼。就像夜间盗贼进宅在《新约全书》中也有类似的比喻,诸如此类的例子举不胜举。荷马用麦田中一头被全村孩子痛打而无法移动一步的驴子,来比喻他的一位被敌人包围的英雄。而把另一位在床上翻来滚去并且怒不可遏的英雄,比作一块在煤火上烘烤的鲜肉。古人描写中这种个别的过失,为那些庸才俗子的讥讽嘲笑敞开了广阔的言路。他们可以嘲笑伟大作品中的某种不合礼仪,但却不能体味这种描写的崇高美。当代的波斯皇帝遵奉东方人的这种思维方式,在许许多多自命不凡的头衔之中,选取了光辉的太阳和快乐的树种。简而言之,摒弃对古人的吹毛求疵,特别是热带的那些古人,他们的想象最热烈也最生动,我们要考虑到,在暗喻中遵守法国人称之为合理的那些规则,近几年来在世界的寒带地区也出现了。这里我们要用写作中一丝不苟的精雕细刻,来弥补我们力量和气魄的不足。我们的同胞莎士比亚就是这种第一流伟大天才的卓越典范。

写给学者

〔美国〕爱默生

对文学家是致命的，对每个人也是致命的东西是那种炫耀的欲望，是那种毁坏我们生存的虚饰外表。

我认为我们需要一些更严格的学者法规。我指的是那种只有学者自己的刚毅和献身才能建立的苦行主义。我们生活在太阳光里，生活在表面上——一种贫瘠的、貌似有意义的、肤浅的生存，谈论着沉思、先知、艺术和创造。但是在我们肤浅而毫无价值的生活方式中，怎么能产生伟大的高尚？现在来吧，让我们缄口沉默。让我们手捂着嘴，过上漫长、严峻、毕达哥拉斯式的5年。让我们用爱上帝的眼和心维持在角落里的生活，做杂活，受苦，哭泣，服贱役。沉默、隐居与俭朴可以使我们穿越并达到我们生存的伟大而秘密的深处。这样潜入下去，就可以从世俗的黑暗中培养出道德风尚的崇高性。去时尚或政治的沙龙，像一只俗丽的蝴蝶那样炫耀自己，做社会的蠢材、著名的傻瓜、报纸的话题、街谈巷议的材料，而丧失布衣平民真正的特权：那是公民的隐私权，以及他那颗忠实和热情的心。

对文学家是致命的，对每个人也是致命的东西是那种炫耀的欲望，是那种毁坏我们生存的虚饰外表。为错误的目标奋斗，这对文学家是难免的。文学家与之打交道的语言——这个人类创造的最微妙、最强大、最长久的东西，只适于做思想和正义的武器——学着享受玩弄这台绝妙机器的自豪感，但却不使用它，其实等于剥夺了它万能的力量。如果人们从世事中摆脱出来，世界将报复他们，利用每一次机会去揭露这些不完善的、学究式的、无用的、鬼一般的生物的愚蠢。学者将感到，最浪漫的爱情故事——人类所编织的最崇高小说——

纯粹的美——原本存在于人类的生活之中。它本身具有超越的价值，它还是人类创作所依赖的最丰富的素材。他怎么知道它那些有关温柔、恐惧、意志和命运的秘密呢？他怎么能捕捉并保持在生活中鸣响的高尚音乐的旋律？它的法规隐藏在每日行为的细节之中。所有行为都在对它们进行着实验。他必须承担共同负担中他的那一份儿。他必须与住在房子里的人一同工作，而不是和名字写进书里的人。他的需要、欲望、才智、情感和成就是为他打开人类生活奥秘博物馆的钥匙。

在东方

〔英国〕赫伯特·里德

<u>对于中国人来说，美的全部特质存在于一个书写优美的字形里。</u>

当我们的观点接近于东方艺术家的观点时，我们方可利用以下两种方法欣赏他的艺术。首先是难度最大的技巧方法。当然，欧洲绘画有着自己的技法，尽管缺乏中国绘画技法那种历史的连贯性，但也是一种难以掌握的法则。欧洲绘画技法涉及色彩理论、调色、上底色与笔触的不同效果等方面的知识，即一种有关现实事物在艺术中的复杂组合的知识。相比之下，中国绘画技法非常简单：它只要求具备使用一支毛笔和一种颜色的知识——但是，那管毛笔非常美妙，那种颜色如此精微，只有经过多年艰苦的练习才能达到运用自如的程度。众所周知，中国人通常用毛笔写字，他们对于毛笔就像我们对于钢笔和铅笔一样了如指掌。要知道中国绘画是中国书法的延伸。对于中国人来说，美的全部特质存在于一个书写优美的字形里。一个人如果书法好，他的绘画也不会差。所有中国古代绘画都是强调线条的，这些构成绘画基本形式的线条，就像书法线条一样，能够唤起人们的判断、欣赏和愉悦之感。

故而，在西方，当我们通过一个人的笔迹来判断其性格时，中国人则在大量科学和实践的基础上，以画家对线条的加工提炼程度来评判他的素质，因为线条往往具有无限的表现力。要了解一般绘画艺术是容易的，但要了解中国绘画艺术，我们必须先从中国其他艺术（如雕塑、陶器、青铜器和漆器等艺术）着手，从这些艺术中我们将会发现相似的技巧特征——即那种反映画家个性的无比精微的特征。比如，在陶器艺术里，这种特征可以从陶器的轮廓上看出，也可以从其轮廓与其厚度和体积的关系中找到。当陶土经过陶工的双手粘在旋转的轮子上时，它以微妙的方式表达了陶工的感觉，就像用蘸上墨汁的毛笔表现画家的感觉一样。在每一幅中国艺术作品中，都有艺术家本人的签名——这种签名并非是庸俗的自我意识的胡涂乱抹，而是古雅悠久的历史传统的产物。

艺术工作

〔法国〕安德烈·莫洛亚

完全脱离尘世，保持圣洁的自我，对大多数艺术家是有害的。

一般来说，艺术家经过长期努力，在积累了经验、技术上有了把握、风格已经形成之后，他就可以在他完全了解他所要表现的东西的时候，利用一定的时间，迅速地完成一件作品，并且获得成功。这在外行人看来似乎不可思议。惠斯特对那些指责他仅用一个小时就画完一幅画的人不加理睬。他能用一个小时画完这幅画，是因为他曾用毕生的心血画这幅画。

掌握技巧是手工业者的主要任务，然而只是艺术家工作的一部分。瓦莱里说过：一首诗"不是用感情，而是用词句写的"。实际上，两者都必须具备。一涉及艺术，人们总要想到人为的形式。形式自然是必要的，但是只有完美的形式，而无实际的内容，也毫无感染力。贝多芬的交响乐具有令人赞叹的形式，

也正是在这样的形式中，倾注着贝多芬的灵魂、思想、痛苦和欢乐。拉辛的艺术形式达到了完美无瑕的境地，但若没有拉辛的激情又会怎样呢？

因此，除掌握技巧之外，（这里与手工业者不同）艺术家还要有生活，或者说要有过生活。"诗歌是人们在静谧中回味出的一种激情。"由此可见，一个艺术家的生活至少应分为三个方面：一是人类的肉体与情感生活，只有它才能教会诗人人类常识；二是沉思默想（艺术家属于反刍类，需要不断反复地咀嚼往昔，以将生活引导和转换为艺术形式）；最后是技巧，它所占的比例不大。我认识许多作家，他们每天只写两个小时。而思考、阅读、交谈是他们的另一种工作形式，也是必不可少的。歌德说："我们的一切工作都进行于寂静之中。"

艺术家到底应该生活在人世间还是人世外？我想这是个无法回答的问题。完全脱离尘世，保持圣洁的自我，对大多数艺术家是有害的。一个走出木屋的普鲁斯特去寻觅逝去的时光，如果我们采纳了他的生活节奏（并具有他那样的头脑），大概我们每个人也会找到无数以往生活里的素材。但是，我们不能永远只是不停地写着普鲁斯特写过的作品，永远步其后尘。况且，大部分人需要新旧的更替。这里歌德又提出一个很好的建议："当人心平气和又有明确的工作任务时，孤独是件好事。"因此，在寻找到这种得以完成工作任务的心理状态之前，明确的工作任务尤为重要。

当代艺术家

〔英国〕伍尔芙

我确实倾向于无论如何也要把这种神的渊源归属到音乐家的身上。

各种各样的艺术家全都一成不变地受到冷遇，尤其是受到英国人的冷遇。

这不仅是因为艺术家性情上的怪异，而且因为我们已把自己驯化到如此完美的文明高度，以至认为任何内心表现几乎总是有着某种不上品的——而且肯定不严谨的——东西。我们可以观察到，极少有父母亲愿意他们的儿子成为画家、诗人或音乐家，这不仅是因为一些世俗的理由，而且因为在他们的心目中认为艺术所表现的思想和情感是懦弱和矫揉造作的，好的公民应该尽力去抑制它。在这种情况下，艺术肯定是难以得到激励，而且比起任何其他职业的成员来，艺术家更容易坠落到人行道上，这些艺术家所面对的是轻蔑以及毫无忌讳的怀疑。他们被一种普通人无法理解的精神所支配，这种精神很清楚且非常有力，对他们施展着如此之大的影响，以致他们一听到它的声音就不由自主地起来跟它走。

现在，我们对任何东西都不会轻易相信，虽然我们对艺术家的出现感到不舒服，我们还是尽了最大的努力容纳他们。对于那些成功的艺术家，我们从来没有像今天这样给予过如此多的敬意。或许我们可以把这看做许多人曾做过的预言的一个信号：在第一座基督教祭坛建起时被放逐的神灵将回来寻欢作乐。许多作家已尝试过追溯这些古老的异教徒，而且声称在伪装的动物和遥远的森林与群山的隐蔽处找到了他们。但是，设想在大家都在搜寻他们时，他们却正在我们中间施展他们的魅力，这并非天方夜谭。而推测那些奇特的异教徒，他们遵照非人的命令行事，受传到他们耳朵中的声音的激励——那是神灵自己或是他们派到地球上来的牧师和先知的声音，这也绝非荒谬之谈。我确实倾向于无论如何也要把这种神的渊源归属到音乐家身上，或许就是这一类的怀疑在驱使着我们如我们现在做的那样去迫害和虐待他们。因为，如果捆缠在一起的文字——它们不管怎样总能向心灵传送一些有用的信息——或者涂抹色彩——它们可呈现某个确确凿凿的客体——充其量不过是些可以容忍的使用工具，那我们又该怎样看待那些把他们的时间花在制造曲调上的人呢？难道他们的职业不是三者中最让人鄙视——最无用和不需要的吗？即使你花了一天的时间听音乐，你也肯定得不到任何对你有用的东西，但是音乐家并非只是有益的生物，对于许多人来说，我相信，他们是整个艺术家部落中最为危险的人。

第八辑　追逐缪斯的神光

幻想的伟大

〔匈牙利〕李斯特

<u>难道她没有用虚构的欢乐、想象的花朵、神话中的宝石来点缀我们艺术家的生活和我们艺术的风格？</u>

我们宁愿容忍由幻想产生的缺点，而不能容忍平庸所必然附带的缺点。在这种情况下，我觉得精神丰富的缺陷永远比精神贫乏的缺陷能够被人接受。在我看来（如果允许完全开诚布公地说），聪明人的愚蠢要比蠢材的聪明可贵。但是必须指出：德·史达埃夫人把圣·特列斯那称幻想为"家里的疯子"的名言传播出来，而使这些话添加了一些不同的含量。要知道，用在理想上的说得很中肯的话，搬到现实世界来就会大大丧失它的精确性。

虽然在日常生活中幻想的确常常起了上述作用，虽然它有迷醉人和使人丧失现实感的危险，但从另外一方面来看，这位女神的温存用了何等样的善行来赔偿我们啊！难道她没有用霓虹的光彩使我们命运中的单调时光、学校中的枯燥艰深无趣的篇章活跃起来？难道她没有抚慰和消解我们的沉痛和愤怒，帮助我们了解普通的迷误怎样变成败行？难道她没有用虚构的欢乐、想象的花朵、神话中的宝石来点缀我们艺术家的生活和我们艺术的风格？难道她没有让我们乘上她的飞车腾空离开我们蛰居的陋室？难道她没有从苍穹的高处指给我们满面皱纹的地球？难道她没有引导我们深入地府使我们能够同古代的英雄们高谈阔论？难道她没有在未来的门外指出我们后裔的朦胧的形象，使我们能够更清楚地看出在心灵的链条中我们所占的地位，感觉出我们是继往开来的许多环节中的一个？

难道幻想没有给那些被认为最不受她迷惑和引诱、对她的魅力领略得最少的哲人编制出不朽的荣誉的花冠？亚历山大·封·洪波尔特不拒绝承认她：他曾经

说，如果没有幻想，科学也会停滞得变成一泓死水。幻想让假设引诱思想家的眼光，假设是许诺思想家以假的宝藏以便使他拥有真理的财富的鸟身女怪，是瞬间的闪光就足以照亮目标的流量，而在通向这目标的道路上撒满了前所未见的灿烂夺目的珍珠！当这些调皮的妖魔向人指引的时候，人在他寻找果实的地方意外地找到了源泉，难道在这种情况下，他的发现还不够珍贵吗？难道企图把光变成纯金的炼金术没有为我们准备了化学吗？

没有幻想就没有艺术，也没有科学，因而也就没有评论！

关　联

〔英国〕考德威尔

<u>只有当情感的改变不是明显地由人的天性或自然环境因素所造成时，它们才成为艺术的课题。</u>

人只有在与他人发生联系之时，才能意识到人类感知世界的这种相似性。为什么人与人要发生联系？是为了改变其感知世界。这一矛盾就是科学的基本矛盾——人在改变现实的过程中了解现实。这恰恰是实验的功能，而实验对于科学是不可或缺的。这一经典矛盾在海森伯的测不准原理中得到最终的表述，该原理宣称，所有关于现实的知识都包含着对现实的改变。科学就是人在历史中造成的感知世界的变化的总和，通过积累，通过条理化和组织，变得便于使用，简明而透辟。

同样，人只是在试图改变他人的过程中才了解到他人的类似性。这种改变对于人类的共同生活来说是必要的。人的本能要求人总按固定方式行事。因此，除非人的本能有了变化、使人能按不同方式行动，否则他总是做直觉反应而不会有所变更和修正，这样，社会也就不可能产生。只有当人们能够通过行动改

变彼此情感时，他们才能生活于共同的情感世界之中。情感的改变对艺术来说是极其重要的，这些变化，经过组织加工，并使之独立于人，其总和就是艺术。它并非一种抽象，而是来自具体的生活。

　　动物也有雏形状态的科学和艺术。它们向雌性求偶，对敌人进行恐吓，这说明有活力的动物必然会改变其他动物的情感。求偶舞蹈和角斗前的恐吓是萌芽状态的艺术，但这些都是被本能驱使的。动物没有自由，因而是无意识的，它不属于由社会调节的世界。只有当情感的改变不是明显地由人的天性或自然环境因素所造成时，它们才成为艺术的课题。艺术揭示各种可能的影响方式所造成的本能的种种可能变化，并由此揭示了本能的真实必然性。艺术意识到情感世界的必然，并由此实现了自由。艺术是人在情感世界中的自由体现，恰如科学是人在感知世界中的自由体现，因为二者均意识到各自领域中的必然性并能够改变各自的领域——艺术改变着情感的或内在的世界，科学改变着现象的或外在的世界。

鉴　赏

〔美国〕罗素·莱因斯

　　<u>第一次看见自己不喜欢的艺术就下论断，跟在一个拥挤的屋子里望见一个陌生人就下论断一样滑稽可笑。</u>

　　有许多人到博物馆、音乐会、歌剧院和严肃的剧场去，只不过因为觉得应该去，或者不能不去，而不是因为不去就心里难受。毫无疑问，只要他们去了，尽管未必自愿，也一定会受到某些感染。不过，冒充风雅的人受到的感染却不多。不幸的是，有许多人摆出对艺术感兴趣的样子，却正是为了冒充风雅。他们并不是为了满足任何基本的精神需要而去，他们是在赶时髦随大流。

我估计冒充风雅的人的百分比目前大体是个常数，而上个世纪却要多些，但是现在也有一大批人，或者叫琼斯，或者叫史密斯，或者叫约翰逊，艺术的确给他们某种满足。而模仿他们的行为，重复他们的意见的人，却并不懂得他们。这些人不是在和地地道道的文化谈恋爱，只不过是对某一门艺术怀有温暖诚挚的友情而已。

我在能从绘画、音乐或读书中获得真正满足的人里，还没见到过对它们一见倾心的人。但也没见过爱好艺术却害怕艺术的人——怕知识不足、怕上当、怕误解、怕厌烦，比怕朋友还要厉害。我们是在与艺术朝夕相处中逐渐懂得艺术的，艺术所给予人的欢乐正如友谊一样随着时间的延长而延长。我们往往愿意在朋友中选择自己最乐意跟他一起消磨时光的人，同样我们也选择自己最喜爱的艺术。笼统地说"我喜欢艺术"跟说"我喜欢我所遇见的每个人"一样是滑稽可笑的。第一次看见自己不喜欢的艺术就下论断，跟在一个拥挤的屋子里望见一个陌生人就下论断一样滑稽可笑。

请让我把这个比喻进一步延伸，让我们先来回答这个问题：人是怎样和艺术成为朋友的？

我刚才说过，是艺术想要使我们欢乐，而不是我们想要使艺术欢乐。但是我们如果不像19世纪的妇女一样对它做出姿态，艺术就无法使我们欢乐。没有一个朋友能一见面就向你袒露出他的灵魂，艺术更不会如此。它不但要求你对它专心致志，而且要求你自觉自愿地坐下来细看细听——此外，它还要求你懂得它的语言。

绘画的语言对你也许跟非洲的某种方言一样陌生，虽然你可能被它的表面形象所吸引——正如人们常常被语言陌生的人所吸引一样。但是，在你学会它的语汇之前，你是不会懂得它要告诉你的东西的。要想学语言，没有比不断和语言接触更好的办法。艺术的语言也是如此。想享有艺术的友谊未必需要流利地使用它的语言，但是你使用这种语言越流利，你所得到的欢乐也就越多。

第八辑　追逐缪斯的神光

我的鉴赏力

〔日本〕川端康成

<u>我不认为自己不具备理解美术的素质和能力，只想把这归之为看到的佳作不多，自愧素养不够。</u>

就算我对音乐有点兴趣，但隐约听见海水浴场演奏的流行歌曲，也不会感到舒畅。我不懂音乐，我到了这个年龄，曾有这样的思虑：莫非我这一生还不懂得音乐的美就要了结？我也曾想过：为了熟悉音乐，哪怕付出任何代价也在所不惜。这句话有点夸张，不过由兴趣和爱好所体会到的美是有限度的。接触到一种美，也是命中的因缘。我渐渐痛切地感到：我短暂的一生，懂得的美是极其肤浅的。偶尔也寻思：一个艺术家一生创造的美，究竟能达到什么程度呢？

比如，一个画商带来一幅画，如果我感到是一种缘分，那就是幸福。然而我不能汲取这幅画的美，这是可悲的。这幅画也许会发问：究竟会不会喜逢某人能全部领略我所具有的美呢？为这幅画设想，就会被一种不得要领的疑惑所捕捉。

当然，昂贵的名画是不会被送到我们这里来的。再说我也无缘邂逅满意的画。不过，在自己家里看到的画中，浦上玉堂和思琴的画给我留下了深刻的印象。

正如不懂音乐一样，我也不懂美术。我不认为自己不具备理解美术的素质和能力，只想把这归之为看到的佳作不多，自愧素养不够。我在很久以前就发现自己这种不甘示弱的阴暗心理了。

就算没有达到姐妹艺术的程度，我的职业——文学领域实际上也是类似的。我自己懂得，并心安理得地干的只有小说一种。而小说也由于时代和民族的不同，已经变得不易透彻理解了。谈到诗歌，就是对同一时代、同一国家的挚友的作品，也难以确切鉴赏，所以我没写过诗歌评论。如今回顾一下，小说是不

是就可以被普遍观察到了呢?这是一个疑问。所谓可以普遍观察,是任何人都无法做到的。就小说而言,只能说我的目光并不远大。

我年近五旬,做这番感叹,伴随而来的是一阵冰冷的恐怖感。

自然,我这种感叹并非始自今日。我认识到自己这种缺陷也已有相当年头,而且还找到了遁词。就是说,我从事艺术这行后,就是不甚明了的事我也能使自己明白。也许我不知道,观察自然和人生往往是不甚明了的,这同艺术没有什么关系。于是,我渐渐懂得对事物不甚明了,本身就是一种幸福。

敏 感

〔英国〕休谟

桑科的亲戚所以能够证明自己正确,使那些嗤笑他们的所谓"行家"大受其窘,也就是因为找到了那把钥匙。

给所谓"敏感"下一个比历来各家所做出的更准确的定义应该说是必需的。我们不必乞灵于任何高奥艰深的哲学,只要引用《堂吉诃德》里面一段尽人皆知的故事就行了。

桑科对那位大鼻子随从说:"我自认精于品酒,决不是瞎吹。这是我们家族世代相传的本领。有一次我的两个亲戚被人叫去品尝一桶酒,据说是很好的上等酒,年代既久,又是名牌。头一个尝了以后,咂了咂嘴,经过一番仔细考虑说:酒倒是不错,可惜他尝出里面有那么一点皮子味。第二个同样表演了一番,也说酒是好酒,但他可以很容易地辨识出一股铁味,这是美中不足。你决想象不到他俩的话受到别人多大的挖苦。可是最后笑的是谁呢?等把桶倒干了之后,桶底果然有一把旧钥匙,上面拴着一根皮条。"

由于对饮食的口味和对精神事物的趣味非常相似,这个故事很能说明问题。

尽管美丑比起甘苦来，可以更肯定地说不是事物的内在属性，而完全属于人类内部或外部的感受范围，我们总还得承认对象中有些东西是天然适于唤起上述反应的。但这些东西可能占的比重很小，或者彼此混杂纠缠在一起，结果我们的趣味往往不能感受到过于微小的东西，或者在混乱的状态下把每种个别的味道都辨别出来。如果器官细致到连毫发异质也不放过，精密到足以辨别混合物中的一切成分，我们就称之为口味敏感，不管是按其用于饮食的原义还是引申义都是一样。在这里关于美的一般规律就能起作用了，因为它们是从已有定论的范例和观察一些突出体现快感和反感的对象那里得出来的，当同样品质散见于一篇首尾完整的文章，所占比重又很小时，有些人的器官就不能清楚地产生快慰或嫌恶的反应，这样的人我们就不该允许他给自己敏感的称号。把这些一般规律或创作的公认楷模拿出来就可以比作找到了那把拴皮条的钥匙，桑科的亲戚所以能够证明自己正确，使那些嗤笑他们的所谓"行家"大受其窘，也就是因为找到了那把钥匙。当然，即使不把酒桶倒干，那两个亲戚的"口味"仍不失为敏感，讥笑他们的人的"口味"还是迟钝糊涂，但想要说服所有在旁边看热闹的群众就困难得多了。

让艺术杰作诞生

〔法国〕安格尔

艺术杰作的存在不是为了炫人耳目。它的使命是诱导和坚定人们所建立的信念。这种作用是无孔不入的。

要拜倒在美的画前研究美！

卓越的艺术成就只有用眼泪才能取得。谁不备受折磨，谁就不会有信心。

要十分虔诚地对待你的艺术。不要相信没有思想的飞跃就能创造出什么好

的或比较好的作品来。要想学会创造美的本领，你应该只看一些最壮美的东西，你不必去左顾右盼，更不要往下看，要昂起头来朝前走，不要像猪那样专朝脏的地方拱嘴。

艺术的生命就是深刻的思维和崇高的激情。必须赋予艺术以性格，以狂热！炽热不会毁灭艺术，毁灭它的是冷酷。

要像熟悉手中的武器那样熟悉你所掌握的一切！只有像作战那样才能取得某些成就。艺术上的斗争必定会消耗我们的精力。

去画吧，写吧，尤其是临摹吧！像对待一般静物那样。所有你从造化中临摹下来的东西，已经是创作了，而这样的临摹才有助于引入艺术。

艺术杰作的存在不是为了炫人耳目，它的使命是诱导和坚定人们所建立的信念，这种作用是无孔不入的。

拙劣的艺术会将一切扼杀掉，因为客观自然中并不是这样的。

普珊经常说：一位美术家在观察对象的时候，应该是一个干练的老手，而不是在复制对象时弄得自己精疲力竭。不言而喻，美术家应该具有敏锐的目光。

要去伪存真，就得靠理智来支配，而理智又未免会在选择上表现出偏执，为了避免这种偏执，只有和美不断地交流。唉！那种既对穆里洛，也对拉斐尔同等狂热的态度是令人诧异而又惊讶的。

至于谈到真实性，我则偏爱稍微夸张一些，尽管这是有点冒险的。不过我知道，真实性有时候并不很真实，两者之间的界限往往是间不容发的。

在造型艺术中描绘人的形象时，娴静是人体的一种主要美，这正像现实生活中的智慧那样，是内心的最高表现。

我们将尽量使作品具有美好的真实感，以令观者喜爱，要知道，捕捉苍蝇不是靠醋，而是靠蜜与糖。

美

〔法国〕伏尔泰

美是很相对的，就如同在日本是正派的事到了罗马就不正派，在巴黎时髦的东西到了北京就未必是。

如果问一只雄癞蛤蟆美是什么，绝对的美是什么？它就会回答说是它的雌癞蛤蟆，因为她的小小的头上有两只凸出的又圆又大的眼睛，有一只又大又平的鼻子，并有黄色的肚皮和褐色的后背。如果问一个来自几内亚的黑人美是什么？他就会说，美是黑得油亮的皮肤，深陷的眼睛和一个扁平的鼻子。

如果问魔鬼，他会告诉你美就是一对角，四只爪子和一条尾巴。最后，如果去向哲学家们请教，他们的回答将是夸大了的胡言乱语，他们认为美就是某物符合美的原型并在本质上与其是一致的。

我曾经和一个哲学家一起去看一出悲剧。"多么美好！"他说道。"你在它里面发现了什么美好的东西？"我问他。"是因为作者已经达到了他的目的。"他说。第二天他吃了一些对他身体有好处的药。"它达到了它的目的。"我对他说："多么美好的药！"他意识到不能说药是美好的，并意识到在把美这个词运用到任何事物以前，它一定会在人身上引起尊敬和愉悦的感情。他同意说那悲剧在他身上引起了这两种感情，并说这就是美。

我们一起去了英国，同样一出戏也在那里上演，翻译得一字不差。可它使所有的观众都打起了哈欠。"呵，呵！"他说，"美的理念对英国人来说和对法国人来说不一样。"良久思考以后，他得出结论：美是很相对的，就如同在日本是正派的事到了罗马就不正派，在巴黎时髦的东西到了北京就未必是，于是他使自己省却了写一篇有关美的长篇论文的麻烦。

三点要求

〔意大利〕托马斯·阿奎那

善与美在实体上是同一的，因为二者都以形式为基础。因此，善被人们当做某种美的东西来称赞。

对美有三点要求。首先，完整或完美，因为凡是残缺不全的东西都是丑的；其次，应该具有适当的比例或者和谐；第三，鲜明，所以，鲜艳的东西被公认为是美的……即使是丑陋的事物，只要被完整地描绘了出来，这个形象也是美的。

美与善是同一的，但它们在概念上仍有所区别。由于善是所有人希冀的东西，所以，它的特点是欲念在其中得到了满足。而美的特点是在观看或者认识它时欲念也同样地得到满足。正因为如此，与美联系最密切的是那些最有认识作用的感官——为理性服务的视觉与听觉。我们把可见的对象和优美的声音称为美的，而别的感官可以感觉的对象，我们并不采用"美"这个词，因为我们不说美的口感或者美的气味。由此可见，很明显，美给善增添某种与认识能力的相关性，因而应该将单纯满足欲念的东西称为"善"，而把单靠实体感知本身就能带来快感的东西称为"美"。

美在本质上是与欲念无关的，除非美同时兼有善的本质。就同时具有善的本质来说，美也是与欲念相关的。但按其本质来说，美具有鲜明性。

善是否与终极原因的概念联系在一起？可以断定，善不与终极原因的概念联系在一起，而更多地与其他原因概念联系在一起。正如狄奥尼修斯所说，人们把善当做某种美的东西来称赞。因此，善与形式因联系在一起。对这一点应该说，善与美在实体上是同一的，因为二者都以形式为基础，因此，善被人们当做某种美的东西来称赞。但是，在概念上二者毕竟是不同的，善本身是与俗念相联系的，因为善是人人希望得到的东西，它与目的概念联系在一起。所谓欲念也是一种迫向某个目的的冲动。美却只涉及认识能力，因为凡是一眼见到就使人愉悦的东西才能被叫做是美的。这就是美存在于适当比例中的原因。感官之所以喜爱比例适当的事物，是由于这种事物在比例适当这一点上类似感官本身。感官也是一种比例，正如任何一种认识能力一样。认识必须通过吸收的途径产生，而吸收进来的是形式，所以，美本身与形式因的概念相联系。

审美训练

〔英国〕休谟

只要我们坚持审美方面的训练，总不免要常常在不同类型和程度的完善中间进行比较，并估计其分量上的差异。

任何对象初次出现在眼前或想象过程中，引起的感受总不免是模糊的、混乱的。因此，在很大程度上，我们无法对它们的美或丑做出判断。我们的趣味感觉不到对象的各种优点，更不要说辨别每种优点的特性、确定它的质量和程度了。假使能下一个大致的评语：是美还是丑，这已经是至矣尽矣，而就连这样一个判断，一个人如果缺乏训练，做起来也会是踌躇的，有保留的。但在他关于这种对象获得一定经验之后，他的感觉就会更精细更深入了。他将会不止看到每一部分的美和丑，而且能分别不同类型，并给以恰如其分的褒贬。在整个观察过程中，他的感受是明晰肯定的。对每一部分应该唤起的快感或反感究竟到了何种程度，属于何种类型，他都能看得一清二楚。仿佛遮掩着对象的迷雾消散了，器官由于经常运用也就日趋完美，以至最后可以判断一切作品的优点，不必害怕会犯错误。一句话，完成任何作品和判断任何作品所需的巧妙和

敏捷，都只有通过训练才能获得。

由于训练对审美感极端有利，我们在评论任何重要作品之前应该永不例外地将它一读再读，全神贯注地从不同角度对它进行观察。初读任何作品，心情上总不免有些忙乱，从而使自己对美的真实感受到干扰。我们会看不到各部分之间的联系，分辨不清风格变化的真正性质，不同的优缺点仿佛糅杂在一起，模糊地呈现在我们的想象力当中。还不用说另有一种肤浅涂饰的美，初看固然叫人喜欢，经过考虑后就发现它和理性或激情的正常表达方式完全不相容，因此使我们口味厌腻——这时我们就会鄙弃地将它丢开，或至少大大降低对它的估价。

只要我们坚持审美方面的训练，就会常常在不同类型和程度的完善中间进行比较，并估计其分量上的差异。一个人如果没有机会比较不同类型的美，他就根本没有资格对任何对象下断语。只有通过比较，我们才能确定褒贬的言词，才能知道怎样褒贬得恰如其分。信笔乱涂的画也会有些鲜艳色彩和大致类似之处，在有限的意义下讲来，也可以算作美，让种地的或印第安人看见了说不定会拍手叫绝；最下流的小调里也会有和谐自然的片断，只有熟悉更高级的美的人才能肯定地指出它的调子刺耳，词句庸俗。一个习惯于美的最高形式的人看到极端低级的美一定会感到痛苦。也正是由于这个原因，我们才称之为丑。

愉 悦

〔德国〕威廉·狄尔泰

一部艺术品如果能在不同时代、不同民族的人那里引起持久的、彻底的满足，就算是第一流的。

第八辑 追逐缪斯的神光

如果我想通过一位伟大的创造性人物的眼睛，也可以说是通过其灵魂洞察现实世界，那我就会领略到伟大的景观、崇高的生命或道德行为。我的力量就会以更加强烈的方式增长，我的一切感官、内心以及精神力量都被唤醒、刺激、升华，同时对它们的需求不会超出我的能力，因为我只是处于一种模仿状态，当我观看席勒的一出跃动着强大意志的戏剧时，我必须将自己提高到一种类似的水准。同时，审美愉悦的各个组成部分进入艺术品的接收过程。博克、休谟以及费希纳都在其美感分析中解析过这些组成部分，它们在所谓概括性接收过程中融为一体。它们不仅通过增添新的愉悦成分来促进这种快乐，而且更多的是均匀地、彻底地满足内心世界的一切成分，使内心得到一笔来源丰富且无可穷尽的财富，这如同由无数小溪汇集成的山洪。

因此，艺术品的意义并不在于它提供了大量的快感，而在于它使我们在欣赏中得到彻底的满足，因此艺术品激发了我们的情感并使我们内心燃起的每种追求都得到满足，这毋宁说是既愉悦了感官又丰富了内心。一部艺术品如果能在不同时代、不同民族的人那里引起持久的、彻底的满足，就算是第一流的。衡量艺术品的艺术性和价值只是取决于这种作用，而不是作品必须实现的"美"的抽象概念。美学和艺术批评把这个僵死的"美"的概念推上艺术理论的宝座已经太久了。同样，将艺术品产生的快感进行孤立的考察也无法让人理解作品的意义。只有从艺术家天然强健的伟大心灵的影响出发，从充分把握了其意蕴的现实对由各色人组成的、能被伟大事物吸引的公众的影响出发，艺术对于人类的伟大而神圣的意义才可能被理解。人们才会懂得伟大的艺术品为何可以提高认识能力，丰富内心，使内心得到宣泄和净化。

艺术价值

〔英国〕毛姆

如果美是艺术的一大价值，那就难以相信使人们得以欣赏艺术的审美感会只是某一阶级的特权。

我这里说的是另外一些人，他们以鉴赏和评价艺术作为他们生活的主要行当。我对这些人不甚赞赏，他们自命不凡，沾沾自喜。他们在实际生活中碌碌无为，却瞧不起别人谦卑地干着命运驱使他们干的平凡工作。因为他们阅读过许多书或者观赏过许多画，他们就自以为高人一等。他们用艺术逃避现实生活，愚昧无知地鄙夷平常事物，否认人类各种主要活动的价值。他们实在不比瘾君子们高明些，应该说是更坏，因为无论如何瘾君子并不把自己高高地置于台座之上，看低别人。

艺术的价值，犹如神秘之道的价值，在于它的效果。倘若它只能给予人快乐，无论是怎样的精神上的快乐，它也没有多大意义，或者至少不比一打牡蛎和一盅葡萄美酒有更多的意义。倘若它是一种安慰，那是够好的，这世界上充满了邪恶，人们能够常有个隐逸的去处，的确是好的，但并不是逃避邪恶，而是积聚力量去迎击邪恶。因为艺术若要作为人生的一大价值，它必须培育人们谦逊、宽容、智慧和高尚的品德。艺术的价值不在于美，而在于正当的行为。

如果美是艺术的一大价值，那就难以相信使人们得以欣赏艺术的审美感会只是某一阶级的特权。把限于特权集团享有的一种感受力说成是人类生活的必需，那是大谬不然的。然而这正是美学家们的主张。我得承认，在我愚蠢的青年时代，我曾经将艺术视为人类活动的极致，人类存在的理由（我把自然界一切美的东西都归于艺术之内，因为我认为——的确我现在依旧认为，它们的美

第八辑 追逐缪斯的神光

是人类所创造的,一如我们创作出图画和交响乐一样),当时我想美只能被特选的少数人所欣赏,心里感到一种特殊的满足。但是这种想法早已被我摒弃了。

我不能相信美是一小撮人的天赋,我认为只有受过特殊训练的人才觉得有意义的艺术表现,同它们所吸引的那一小撮人一样不足挂齿。艺术必须人人都能欣赏,那才是真正伟大而有意义的,一个小集团的艺术只是一种玩物而已。